專為身高 80cm ～ 90cm 孩子設計的可愛童裝

親手為孩子量身做衣服

獻給可愛滿點，
走路還搖搖晃晃的寶貝。

日本 enanna 手工童裝網站代表

朝井牧子 著

苡蔓 譯

序

孩子從襁褓中、只會坐著的小嬰兒開始搖搖晃晃學步了，

本來都穿著連身衣，現在漸漸可以穿洋裝和罩衫，

可穿搭的衣物選項變多了，是不是想讓孩子穿上各式各樣不同的服裝呢？

我也是從女兒學走路時，才開始親手製作她的衣服。

雖然過程中遭遇很多失敗，但是完成時有著滿滿的快樂與成就感，

原來手作這麼有趣，這麼令人驚喜。

因為是為女兒製作衣服，所以特別有感觸吧！

這本書中的服裝款式，

衣長略長一些，帶點大人的感覺，

但是小小孩穿起來也顯得十分可愛。

選用喜歡的布料，試著為孩子製作一件特別的衣服吧！

朝井牧子

目錄

- - - - - - - - - - - -

a . 氣球褲

像氣球一樣蓬蓬的線條，十分可愛。
看起來像裙子的褲子，最適合活潑有朝氣的女孩。

How to make … p.28
原寸大紙型 … A面

a

b. 套衫

只要有一件簡單的白色套衫，可以搭配的
衣服種類就變得更多了。
稍微寬鬆的剪裁，可搭配成休閒風造型。
P.6 中的模特兒也穿著這件。

How to make … p.32
原寸大紙型 … A 面

c. 打褶褲

帶點大人感剪裁的打褶褲，
不論選用素色或是有花樣的布料做起來都
非常出色。
褲腳往上折起也很可愛。

How to make … p.34
原寸大紙型 … A 面

b

c

d. 荷葉袖罩衫

像荷葉邊一樣的袖子，在剪接貼邊處
抽褶大量的褶份，營造出女孩的甜美氣息。
後開式設計，從後面看也漂亮。

How to make … p.36
原寸大紙型 … A 面

e. 短褲

類似燈籠褲的蓬鬆造型，真是可愛。
往上反折兩褶的下襬則成為穿搭重點。

How to make … p.38
原寸大紙型 … A面

- - - - - e

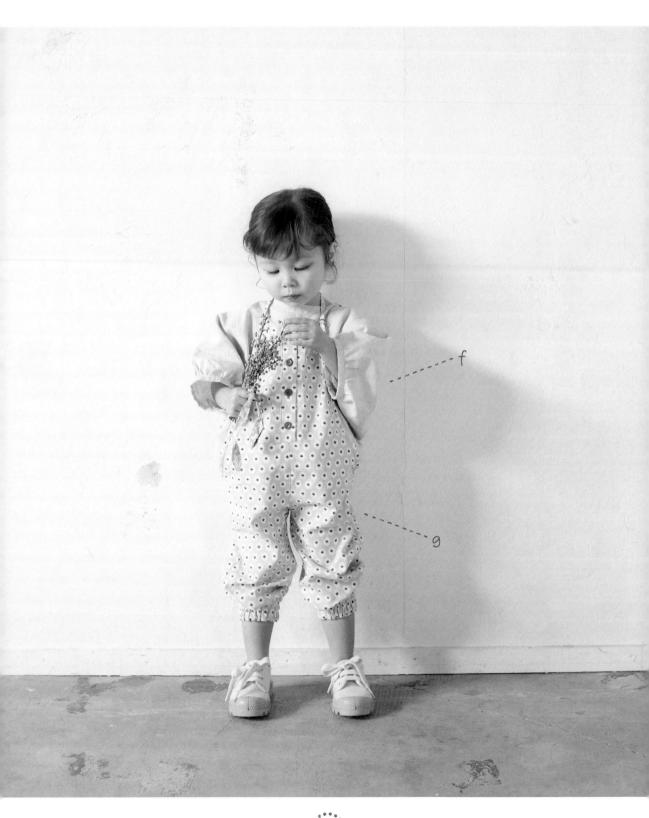

f

g

f. 飛鼠袖上衣

質樸自然的氣息並帶點大人感，
穿在小女孩的身上卻更顯得甜美可愛。
後方的蝴蝶結是設計重點。

How to make … p.40
原寸大紙型 … A 面

g. 吊帶褲

從前面看是吊帶褲，從後面看則是一般長褲，
搭配的上衣下襬可以內紮也可以放在外面。
肩帶可調整，所以更換衣服十分方便。

How to make… p.42
原寸大紙型 … A 面

h

h. 罩衫式洋裝

寬鬆的罩衫式洋裝，
因選用的布料花色不同，可做成外出服亦可做成居家服。

How to make … p.44
原寸大紙型 … A 面

i. 燈籠褲

上方寬大的剪裁，下襬用寬版的鬆緊帶束住。
非常推薦使用有著明顯黑色紋路的格紋布料，來製作小男孩的燈籠褲。
左邊是套衫，P.6～7 的模特兒也穿著這件。

How to make … p.46
原寸大紙型 … B 面

j. 抽褶洋裝

抽了許多小褶子，非常女孩子氣的洋裝。
衣長稍微拉長的設計，穿起來有著優雅的氣質。

How to make … p.48
原寸大紙型 … B 面

j

k. 小圓領寬版洋裝

只是在簡單的洋裝上面加上小圓領，
立刻營造出小淑女的氣質。
脇邊線下移的剪裁是此款設計重點。

How to make … p.50
原寸大紙型 … B 面

k

ℓ. 褲裙

使用大量布料製作而成的褲裙。
寬鬆的剪裁因皺褶呈現出更多層次，
只要一動，下襬就輕飄飄地擺動，好可愛。
搭配的是 P.10～11 的飛鼠袖上衣。

How to make … p.52
原寸大紙型 … B 面

m. 二重紗圍巾

適合與極簡的服飾搭配。
二重紗圍巾其實很容易手工製作，
可以試著搭配不同顏色的刺繡線。

How to make … p.62

n. 圓領襯衫

將標準襯衫領改成圓弧形，
營造出柔和的感覺。
不只適合男孩子，也很適合女孩子穿呢！

How to make … p.54
原寸大紙型 … B面

背心

男孩風的短版背心。
簡單地與襯衫或是針織衫搭在一起，
就顯得很有型。
也可以試著選用喜歡的布料當裡布搭配看看。
短褲為 P.8～9 中介紹的短褲。

How to make … p.56
原寸大紙型 … B面

p.領結

在襯衫上打上領結，造型指數立即提升。
領結後面的繫繩可調整，
隨著孩子的身形成長變化配戴使用。

How to make … p.63

P

q. 連帽針織連身衫

休閒風的連帽針織連身衫，
若選用緹花針織布料來做，也會非常出色。

How to make … p.58
原寸大紙型 … B 面

r. 飛鼠褲

臀圍寬鬆，褲管為細長線條，顯得很俐落。
是男孩子、女孩子都適合穿的款式。

How to make… p.60
原寸大紙型 … B 面

[80cm、90cm 尺寸的童裝]

※ 本書的作品適合身高 80cm ～ 90cm 的兒童。
　 請測量家中寶貝的尺寸，選擇適合的紙型。
　 洋裝的身長與裙長等請依照寶貝的身形做調整。

※ 照片中小模特兒的身高為 90cm，所以穿的是 90cm 尺寸。

[有關材料與排布圖]

※ How to make 頁面的「材料」，列出的是 80cm、90cm 尺寸各別需要的材料，
　 若無特別說明，則表示兩個尺寸都參考同一個數字。

※ 排布圖或是作法圖中若有兩個數字並排，依序為 80cm 與 90cm 的尺寸。

※ 以同一塊布料裁剪製作的斜布條依尺寸不同，長度也有差異。
　 請從紙型測量領圍以及袖圍，進而計算出所需的長度。

※ 裁剪布料時請參考排布圖做布料配置。
　 布料配置可能會因尺寸而有差異，本書是以 90cm 尺寸為基準製成排布圖。

[參考尺寸]

80…… 1 歲左右。
　　　 身高 80cm、體重 10 ～ 12kg。

90…… 2 歲左右。
　　　 身高 90cm、體重 12 ～ 14kg。

How to make

孩子開始搖搖晃晃地學習走路時，
可以穿的衣服種類就變多了。
製作衣服變得好有趣呢！

開心的縫紉生活

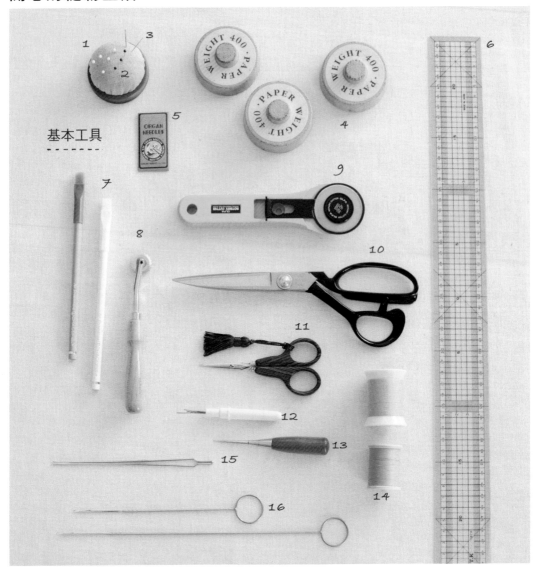

基本工具

1. 針插
製作過程中，用來暫時置放針。

2. 珠針
為了不使布料錯位，可以使用珠針固定。

3. 手縫針
用於藏針縫等手縫作業。

4. 紙鎮
以描圖紙描畫紙型時，用它來固定紙張。

5. 車縫針
請依布料厚度不同，選擇適合的車縫針。

6. 方格尺
可利用方格尺的線畫出平行線，圓弧處也可立起方格尺，彎折量測長度。

7. 記號筆
用來在布料上描繪紙型以及描繪縫份記號。

8. 點線器
用於以複寫紙在布料上描繪紙型。

9. 輪刀
鋪平布料，沿著紙型邊緣滾動刀刃裁剪布料。

10. 布剪
若用來剪布料以外的物品，會影響刀刃的銳利度，所以請只在剪布時使用。

11. 工藝剪刀
用來剪小牙口記號或剪線，十分方便。

12. 拆線刀
可切斷縫線，用來拆開縫線十分方便。

13. 錐子
可用來挑翻袋角或是拆縫線。

14. 車縫線
請依縫紉機與布料厚度選擇適合的粗細以及顏色。

15. 穿帶器
穿過腰帶或是袖口鬆緊帶時使用。

16. 返裡針
尖端有小鉤，所以即使是細長的繫繩也能輕鬆地翻出到正面。

車縫線與車縫針

- - - - - - - - - - -

尼龍等較薄的布料⋯⋯90號的線、9號針
普通厚度的布料 ⋯⋯60號的線、50號的線、11號針
普通～厚的布料 ⋯⋯30號的線、14號針
牛仔布等厚布 ⋯⋯⋯20號的線、16號針

針織用針線

- - - - - - - - -

縫製針織布料請用針織用針線，
並建議使用拷克機車縫。
用直線縫紉機車縫、縫合肩部等時，請貼上布用防延
展膠帶。

布幅

- - - -

90～92cm ⋯⋯⋯格紋布料、府綢布料等等。
110～120cm⋯⋯棉麻、化學纖維布料等等。
140～180cm⋯⋯羊毛或針織材質等等。

布料相關用語

- - - - - - - - - -

幅寬⋯⋯⋯布料橫布紋方向，從布邊到布邊的長度。
布邊⋯⋯⋯織線反折的兩側。
直布紋⋯⋯平行布邊的布紋，排布圖中箭頭表示的方向。
橫布紋⋯⋯與布邊垂直的布紋方向。
斜布紋⋯⋯與直布紋成45度角，具有較好的伸縮彈性。

布料用量的準則

- - - - - - - - - - -

90～92cm	上衣	（身長＋袖長）×2＋30cm
	洋裝	（身長＋裙長＋袖長）×2＋30cm
	裙子	裙長×2＋20cm

110～120cm	上衣	身長×2＋袖長＋30cm
	洋裝	（身長＋裙長）×2＋袖長＋30cm
	裙子	裙長×2＋20cm

140～180cm	上衣	身長＋袖長＋20cm
	洋裝	身長＋裙長＋袖長＋20cm
	裙子	裙長＋15cm（若有腰帶，腰帶長＋5cm）

※製作褲子時則將裙長換成褲長，再做換算。

布料下水預縮與整理布紋

- - - - - - - - - - - - -

下水洗滌後先預縮，為了避免布紋歪曲請於裁剪布料前先整理布紋。

1. 下水

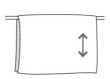

2. 風乾

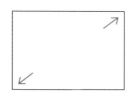

3. 在半乾的狀態整理布
紋，將布料拉直。

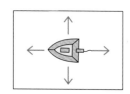

4. 在半乾狀態沿著布紋
熨整布料。

製作紙型

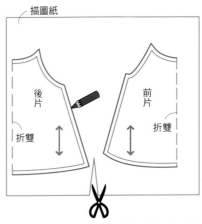

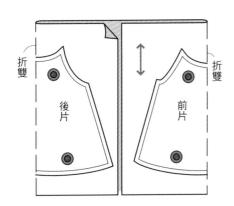

1. 於原寸大紙型上疊上描圖紙，放上紙鎮以免錯位，然後以鉛筆描繪。「折雙」以及布紋方向、「口袋縫製位置」等紙型上的記號都要抄寫上去。

2. 參考排布圖另外加上縫份線，拿開原寸大紙型後用剪刀沿著描圖紙上的縫份線剪下來。

裁剪布料

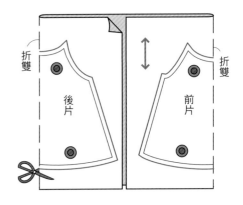

1. 參考排布圖，並確實拉直布紋線，將布料正面相對對折，上方放上紙型。紙型的「折雙」對齊布料對折線。

2. 確實確定位置之後，沿著縫份線裁剪。裁剪時，盡量不要移動到布料。

[裁剪布料的重點]

要注意轉角處縫份是否不足。
將縫份如圖示折起來再做裁剪。

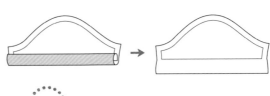

縫紉基本知識

○折雙

布料對折處稱為「折雙」。

折雙

○縫紉開始、縫紉結束

縫紉開始與縫紉結束處來回重複迴針約1cm防止縫線脫落。

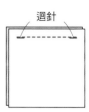

迴針

○布料正面相對與布料裡裡相對

布料的正面對正面對齊重疊，稱為布料正面相對。背面對背面對齊重疊，則稱為布料裡裡相對。

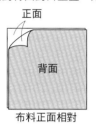

正面

背面

布料正面相對

背面

正面

布料裡裡相對

○三折邊

處理下襬或是袖子時，先折到完成線，再將布邊往內折一次。

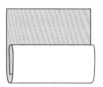

○四折邊

製作斜布條時，將布邊往中心折入，然後再從中間對折。

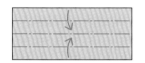 → 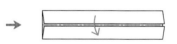 →

○製作斜布條

沿著與直布紋成45度角的方向，裁剪需要寬度的布條。

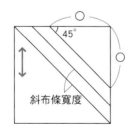

45°

斜布條寬度

○斜布條接合方式

兩片斜布條正面相對成直角縫合，燙開縫份後剪掉多餘的縫份。

（背面）　（正面）

剪掉

（背面）

燙開縫份

○扣眼的製作方法

細針目的Z字型車縫

上下固定車縫
0.4cm

拆線刀劃開口

用珠針固定避免劃破扣眼

0.2cm

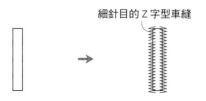

1. 以記號筆畫出扣眼。
2. 以細針目做Z字型車縫。
3. 用拆線刀劃出開口。

α . 氣球褲

photo … p.6

○ 材料　※身高90cm的請參考（ ）內

表布 ……… 110cm寬×70cm（80、90通用）
裡布 ……… 130cm寬×30cm（80、90通用）
鬆緊帶 ……… 15mm寬×42cm（44cm）
鈕扣 ……… 直徑15mm×1個

○ 原寸大紙型 A 面

・前褲片
・後褲片
・後褲片裡布
・前褲片裡布
※ 腰帶依照尺寸製圖

○ 排布圖
（單位cm　※除了特別指定的部位，縫份皆為1cm。　※腰帶已含縫份。）

<表布>

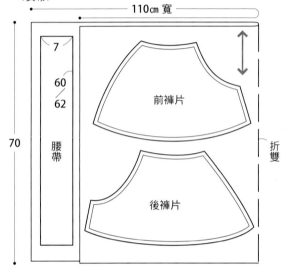

<裡布>

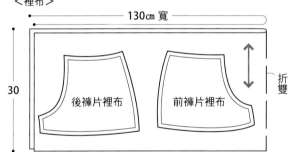

How to make

1. 裁剪布料

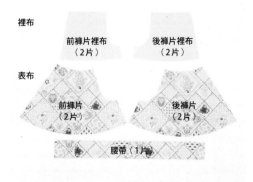

2. 表布與裡布各自縫合脇邊

① 將褲子裡布的前後片布料正面相對，車縫脇邊。

② 將褲子表布的前後片布料正面相對，車縫脇邊。

③ 燙開縫份（褲子裡布）。

3. 於褲子表布的下襬處抽褶，跟裡布縫合

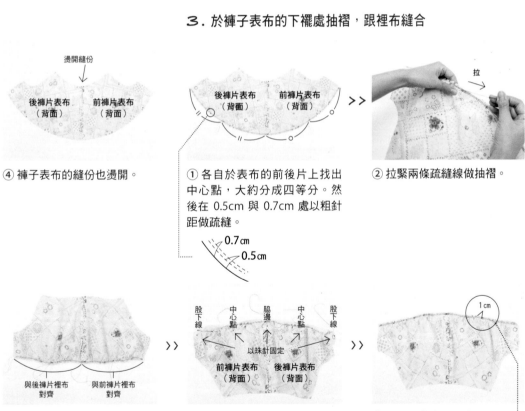

④ 褲子表布的縫份也燙開。

① 各自於表布的前後片上找出中心點，大約分成四等分。然後在 0.5cm 與 0.7cm 處以粗針距做疏縫。

② 拉緊兩條疏縫線做抽褶。

③ 抽褶並分別與裡布的前後片對齊。

④ 已抽褶的表布與裡布布料正面相對。以珠針固定兩側的股下線，還有中心點記號與脇邊。

⑤ 於1cm處車縫固定。

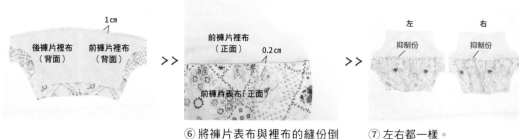

⑥ 將褲片表布與裡布的縫份倒向裡布側,並從正面車縫0.2cm的抑制份。

⑦ 左右都一樣。

4. 各自車縫褲片表布與裡布的股上線

① 左右布料正面相對,各自車縫股上線。

② 圓弧處剪牙口。

③ 褲片表布的縫份各自往右側倒,從正面車縫0.2cm的抑制份。

5. 縫製股下線

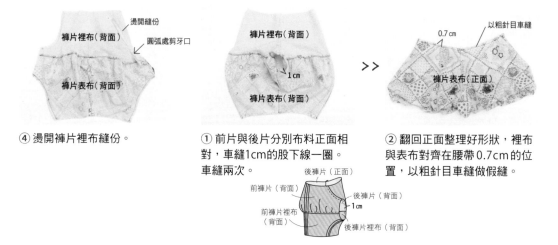

④ 燙開褲片裡布縫份。

① 前片與後片分別布料正面相對,車縫1cm的股下線一圈。車縫兩次。

② 翻回正面整理好形狀,裡布與表布對齊在腰帶0.7cm的位置,以粗針目車縫做假縫。

6. 上腰帶

① 用熨斗熨燙後，沿著腰帶寬度折入兩側布邊。

② 翻開後布料正面相對，燙開中心縫份。

③ 燙開縫份。

④ 與褲子布料正面相對對齊。

⑤ 車縫1cm。

⑥ 整理好腰帶的形狀，從正面車縫0.1cm的抑制份。並留5cm的開口穿鬆緊帶。

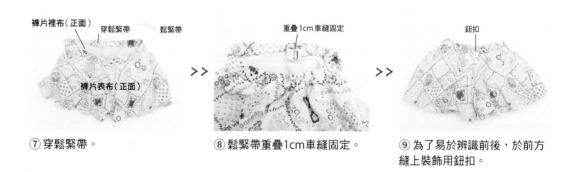

⑦ 穿鬆緊帶。

⑧ 鬆緊帶重疊1cm車縫固定。

⑨ 為了易於辨識前後，於前方縫上裝飾用鈕扣。

b. 套衫

photo … p.6

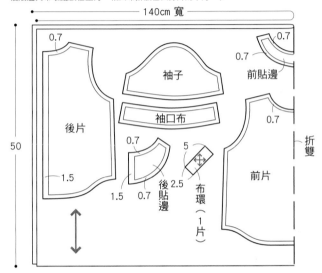

○ 材料 ※ 身高 80cm、90cm 通用

表布 ……… 140cm寬×50cm
（110cm寬×70cm）

鈕扣 ……… 直徑11.5mm×1個

○ 原寸大紙型 A 面

・後片
・前片
・袖子
・袖口布
・後貼邊
・前貼邊

○ 排布圖

（單位cm ※除了特別指定的部位，縫份皆為1cm。 ※布料幅寬若為110cm，
後貼邊與布環擺放在上方，袖口布排放在衣身片的下方。）

140cm 寬

0.7
0.7
0.7
袖子
前貼邊
0.7
後片
袖口布
0.7
0.7
5
50
1.5
2.5
布環（1片）
前片
折雙
1.5
0.7
後貼邊
1.5

How to make

1. 縫製後中心

④從開口止點開始往上做
0.8cm 的三折邊，以熨
斗熨整出形狀。

①每一片分別拷克布
邊或是做 Z 字形車
縫。

1.5cm

開口止點

前片（背面）

②布料正面相對，車
縫到開口止點。

→

0.8cm

③燙開縫份。

前片（背面）

2. 車縫肩線，縫上貼邊

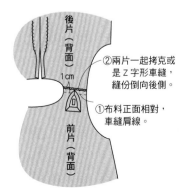

後片（背面）

1cm

②兩片一起拷克或
是 Z 字形車縫，
縫份倒向後側。

①布料正面相對，
車縫肩線。

前片（背面）

[製作布環]

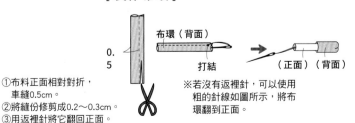

0.5

布環（背面）

打結

（正面）（背面）

①布料正面相對對折，
車縫0.5cm。
②將縫份修剪成0.2～0.3cm。
③用返裡針將它翻回正面。

※若沒有返裡針，可以使用
粗的針線如圖所示，將布
環翻到正面。

[製作貼邊然後與衣身片縫合]

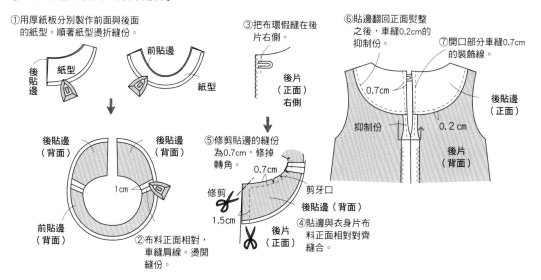

①用厚紙板分別製作前面與後面的紙型。順著紙型燙折縫份。

後貼邊　紙型　前貼邊　紙型

後貼邊（背面）　後貼邊（背面）　1cm　前貼邊（背面）

②布料正面相對，車縫肩線。燙開縫份。

③把布環假縫在後片右側。

後片（正面）右側

⑤修剪貼邊的縫份為0.7cm，修掉轉角。

修剪　0.7cm　1.5cm　剪牙口　後貼邊（背面）　後片（正面）

④貼邊與衣身片布料正面相對對齊縫合。

⑥貼邊翻回正面熨整之後，車縫0.2cm的抑制份。

⑦開口部分車縫0.7cm的裝飾線。

0.7cm　抑制份　0.2cm　後貼邊（正面）　後片（背面）

3. 縫上袖子

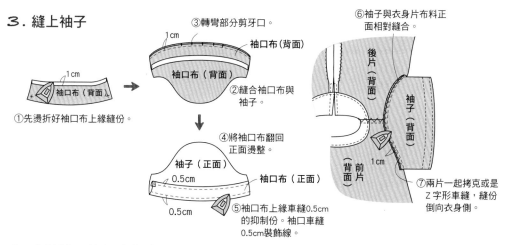

①先燙折好袖口布上緣縫份。

1cm　袖口布（背面）

③轉彎部分剪牙口。

1cm　袖口布（背面）　②縫合袖口布與袖子

④將袖口布翻回正面燙整。

袖子（正面）　0.5cm　袖口布（正面）　0.5cm

⑤袖口布上緣車縫0.5cm的抑制份。袖口車縫0.5cm裝飾線。

⑥袖子與衣身片布料正面相對縫合。

後片（背面）　袖子（背面）　前片（背面）　1cm

⑦兩片一起拷克或是Z字形車縫，縫份倒向衣身側。

4. 車縫袖下線與脇邊線

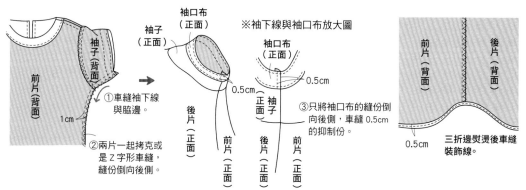

前片（背面）　袖子（背面）　1cm

①車縫袖下線與脇邊

②兩片一起拷克或是Z字形車縫，縫份倒向後側。

袖子（正面）　後片（正面）　前片（正面）

※袖下線與袖口布放大圖

袖口布（正面）　0.5cm　0.5cm　袖子正面　後片（正面）　前片（正面）

③只將袖口布的縫份倒向後側，車縫0.5cm的抑制份。

5. 將下襬往上折

前片（背面）　後片（背面）

0.5cm

三折邊熨燙後車縫裝飾線。

6. 縫上鈕扣之後完成

c. 打褶褲

photo … p.7

○ 材料 ※身高90cm的請參考（）內

表布 ……… 110cm寬×80cm
　　　　　　（80cm、90cm通用）

鬆緊帶 ……… 15mm寬×42cm（44cm）

○ 原寸大紙型A面

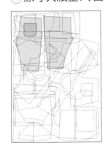

・前褲片
・後褲片
・口袋
※腰帶依照尺寸製圖

○ 排布圖
（單位cm ※除了特別的指定部位，縫份皆為1cm。※腰帶已含縫份。）

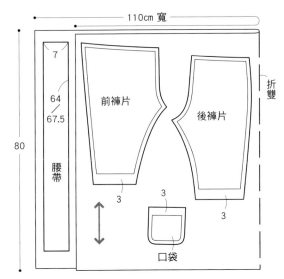

110cm 寬

折雙

7
64
67.5
80

腰帶

前褲片

後褲片

3
3
3
3

口袋

How to make

1. 車縫前褲片褶份

※打褶方法

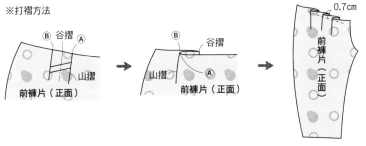

B 谷摺 A
山摺
前褲片（正面）

B 谷摺
山摺 A
前褲片（正面）

0.7cm
前褲片（正面）

折好腰圍處的褶份，於縫份0.7cm處車縫一道線做假縫。

2. 縫上後口袋

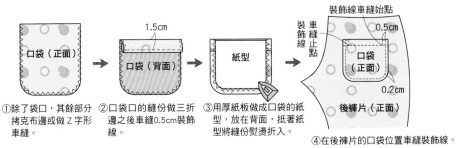

口袋（正面）

1.5cm
口袋（背面）

紙型

裝飾線車縫始點
裝飾線 車縫止點
0.5cm
口袋（正面）
0.2cm
後褲片（正面）

①除了袋口，其餘部分拷克布邊或做Z字形車縫。

②口袋口的縫份做三折邊之後車縫0.5cm裝飾線。

③用厚紙板做成口袋的紙型，放在背面，抵著紙型將縫份熨燙折入。

④在後褲片的口袋位置車縫裝飾線。

3. 車縫脇邊與股下線

①前褲片與後褲片布料正面相
　對對齊，車縫脇邊與股下線。

前褲片（正面）

後褲片（背面）

1cm

1cm

②兩片一起拷克布邊或
　是做 Z 字形車縫。

③縫份一起倒向後褲片側。

4. 車縫股上線

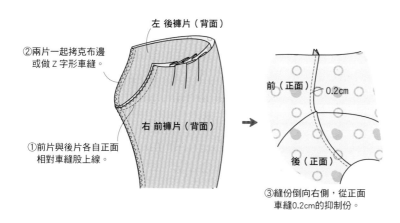

左 後褲片（背面）

②兩片一起拷克布邊
　或做 Z 字形車縫。

右 前褲片（背面）

①前片與後片各自正面
　相對車縫股上線。

前（正面）

0.2cm

後（正面）

③縫份倒向右側，從正面
　車縫0.2cm的抑制份。

5. 縫上腰帶並將下襬上折

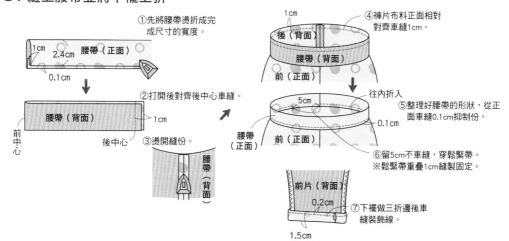

①先將腰帶燙折成完
　成尺寸的寬度。

1cm　2.4cm　腰帶（正面）

0.1cm

前中心

腰帶（背面）

1cm

後中心

②打開後對齊後中心車縫。

③燙開縫份。

腰帶（背面）

1cm

後（背面）

腰帶（背面）

前（正面）

④褲片布料正面相對
　對齊車縫1cm。

往內折入

5cm

腰帶（正面）

前（正面）

0.1cm

⑤整理好腰帶的形狀，從正
　面車縫0.1cm抑制份。

⑥留5cm不車縫，穿鬆緊帶。
　※鬆緊帶重疊1cm縫製固定。

前片（背面）

0.2cm

1.5cm

⑦下襬做三折邊後車
　縫裝飾線。

d. 荷葉袖罩衫

photo … p.8

○ 材料　※身高80cm、90cm通用

表布‥‥‥‥	105cm寬×80cm（80cm、90cm通用）
布襯‥‥‥‥	30cm長×10cm寬（通用）
鈕扣‥‥‥‥	13mm×5個

○ 原寸大紙型 A 面

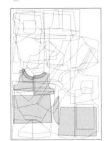

・後片
・前片
・袖子
・前剪接
・後剪接
・後貼邊
・前貼邊

○ 排布圖（單位cm　※除了特別的指定部位，縫份皆為1cm。）

※ 　　　 處需貼布襯

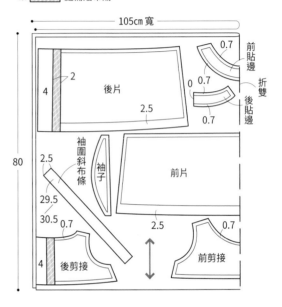

105cm寬

80

0.7　前貼邊
0.7　折雙
0.7　後貼邊
2
4
後片
2.5
0.7
袖圍斜布條
袖子
2.5
29.5
30.5　0.7
4　後剪接
前片
2.5　前剪接
0.7

How to make

1. 分別縫製剪接的脇邊與肩線，以及衣身片的脇邊線

① 在後剪接的紐扣縫製位置以及扣眼位置貼上布襯。

4cm 2cm

後剪接（背面）

② 前剪接與後剪接布料正面相對齊車縫脇邊與肩線。

1cm
後剪接（正面）
前剪接（背面）
1cm

③ 兩片一起拷克布邊或做 Z 字形車縫。

※後片開口部分也一樣要貼。

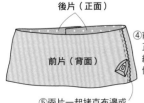

後片（正面）
前片（背面）

④ 前片與後片布料正面相對齊車縫脇邊線，縫份倒向後側。

⑤ 兩片一起拷克布邊或是做 Z 字形車縫。

2. 衣身片抽褶，與剪接縫合

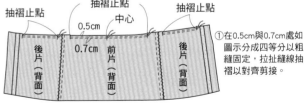

抽褶止點　抽褶止點　抽褶止點
中心
0.5cm
0.7cm
後片（背面）　前片（背面）　後片（背面）

① 在0.5cm與0.7cm處如圖示分成四等分以粗縫縫固定，拉扯縫線抽褶以對齊剪接。

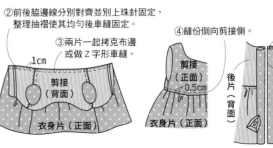

② 前後脇邊線分別對齊並別上珠針固定，整理抽褶使其均勻後車縫固定。

③ 兩片一起拷克布邊或做 Z 字形車縫。

1cm
剪接（背面）
衣身片（正面）

④ 縫份倒向剪接側。

剪接（正面）
0.5cm
衣身片（正面）

1.8cm
後片（背面）
2.2cm

⑤ 後方開口部分做三折邊，熨燙整理好形狀。

3. 縫上貼邊

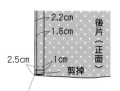

後貼邊（背面）
紙型
0.7cm

前貼邊（背面）
紙型
0.7cm

①用厚紙板分別製作前後貼邊的紙型。順著紙型燙折縫份。
※使用領子紙型的下緣部分（不含縫份）。

②布料正面相對縫合肩線，燙開縫份。

後貼邊（背面）
前貼邊（背面）
1cm

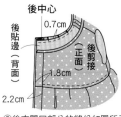

後中心
0.7cm
後貼邊（背面）
後剪接（正面）
1.8cm
2.2cm

③後方開口部分的縫份如圖所示折入，上方放上貼邊後縫製領圍，轉彎處剪牙口。

後剪接（背面）
0.2cm

④貼邊翻回正面，熨燙整理之後車縫0.2cm的抑制份。

---

4. 製作後方開口部分，下襬往上折

①後方開口部分的縫份往正面一側反折，車縫距離下襬2.5cm處。

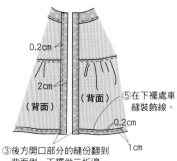

2.2cm
1.8cm
後片（正面）
2.5cm 1cm
剪掉

②只剪掉縫製處下方1cm的縫份。

④整燙後方開口部分，車縫抑制份。

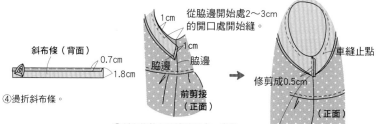

0.2cm
2cm
（背面）　（背面）
0.2cm
1cm
⑤在下襬處車縫裝飾線。

③後方開口部分的縫份翻到背面側，下襬做三折邊。

---

5. 縫上袖子

①袖口做三折邊，燙整後縫裝飾線。

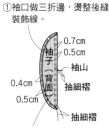

0.7cm
0.5cm
袖子（背面）
袖山
0.4cm
抽細褶
0.5cm
抽細褶

②於袖子縫份的0.5cm與0.7cm處粗縫固定，抽褶對齊袖子縫製位置。

袖子（背面）
0.7cm
前剪接（背面）

③袖子與剪接布料正面相對，於0.7cm處粗縫做假縫。

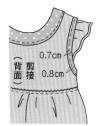

斜布條（背面）
0.7cm
1.8cm

④燙折斜布條。

從脇邊開始處2～3cm的開口處開始縫。

1cm
1cm
脇邊
脇邊
前剪接（正面）

⑤斜布條放在脇邊縫份處，多留1cm，從2～3cm處開始縫，最後也在2～3cm處前停止。

➡

車縫止點
修剪成0.5cm
（正面）

⑥斜布條的始縫點與止縫點對齊脇邊，修剪縫份成0.5cm。

0.5cm **剪牙口**
（正面）

⑦燙開縫份。車縫脇邊附近的2～3cm未車縫處，將袖圍的縫份修剪成0.5cm，轉彎處剪牙口。

（背面）
剪接
0.7cm
0.8cm

⑧斜布條翻到裡側，車縫0.7cm的抑制份。

6. 在後方開口部分製作扣眼、縫上扣子

後方左側（正面）　**後方右側（正面）**

右側製作扣眼，左側縫上扣子。

e. 短褲

photo … p.8

○ 材料 ※身高90cm的請參考（ ）內

表布 ……… 140cm寬×80cm
　　　　　（80cm、90cm通用）
　　　　　（110cm寬的布料用量也相同）

鬆緊帶 ……… 15mm寬×42cm（44cm）

○ 原寸大紙型 A 面

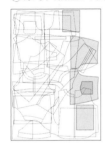

・前褲片
・後褲片
・口袋布
・前後下襬布
※ 腰圍依照尺寸製圖

○ 排布圖（單位cm ※除了特別的指定部位，縫份皆為1cm ※腰帶已含縫份）

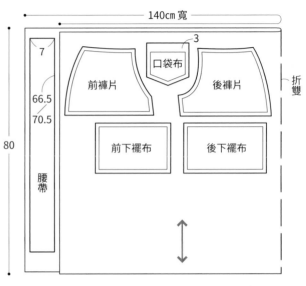

※ 使用 110cm 寬的布料時，腰帶布料依照相同方法裁剪，後褲片和前褲片與布料折雙平行直向擺放，前下襬布和後下襬布則放在旁邊一樣直向擺放。空的位置再擺放口袋布。

How to make

1. 將口袋縫到後褲片上

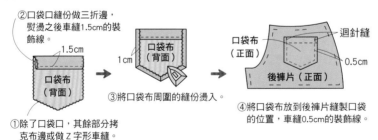

②口袋口縫份做三折邊，熨燙之後車縫1.5cm的裝飾線。

1.5cm

口袋布（背面）

①除了口袋口，其餘部分拷克布邊或做Z字形車縫。

1cm

口袋布（背面）

③將口袋布周圍的縫份燙入。

口袋布（正面）

迴針縫

0.5cm

後褲片（正面）

④將口袋布放到後褲片縫製口袋的位置，車縫0.5cm的裝飾線。

2. 車縫脇邊與股下線

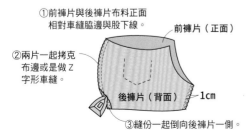

①前褲片與後褲片布料正面相對車縫脇邊與股下線。

②兩片一起拷克布邊或是做Z字形車縫。

前褲片（正面）

後褲片（背面）

1cm

③縫份一起倒向後褲片一側。

3. 車縫股上線

②兩片一起拷克布邊或是做Z字形車縫。

左後（背面）

右前（背面）

①前片與後片分別正面相對，車縫股上線。

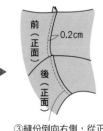

前（正面）

0.2cm

後（正面）

③縫份倒向右側，從正面車縫抑制份。

4. 縫上下襬布

①前下襬布與後下襬布布料正面相對對齊縫合。燙開縫份。

後下襬布（背面）

前下襬布（背面）

1cm

前褲片（正面）

脇邊

0.5cm　0.7cm

抽細褶　　抽細褶

②在褲子下襬0.5cm與0.7cm處做粗縫。各自依照前下襬布和後下襬布的寬度抽褶。

1cm

前下襬布（背面）

折入1cm

前褲片（正面）

③褲片與下襬布布料正面相對縫合，下襬布另一側的縫份先摺好1cm。

線環

1cm

⑦兩脇邊縫上約1cm的線環。

④燙折使下襬布寬度為7cm，從正面車縫0.2cm裝飾線。

7cm　前下襬布（正面）

0.2cm

前褲片（正面）

⑤下襬布折到正面，蓋過下襬布縫製位置0.7cm，燙整後車縫約1cm抑制份。

車縫約1cm的抑制份　　折入

下襬布（正面）

蓋下0.7cm

褲片（正面）

⑥在股下側縫線上車縫裝飾線，固定下襬的反折。

〔線環做法〕

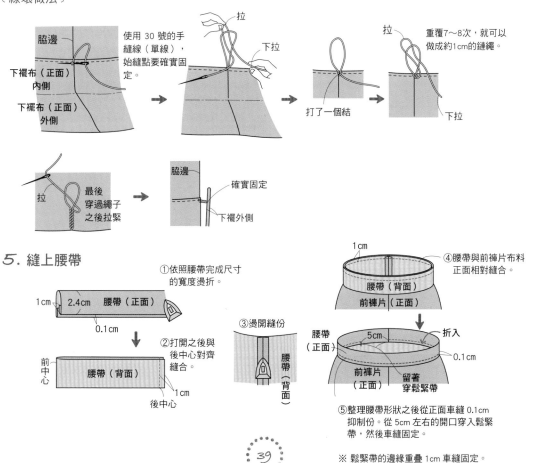

脇邊

下襬布（正面）內側

下襬布（正面）外側

使用30號的手縫線（單線），始縫點要確實固定。

拉

下拉

重覆7～8次，就可以做成約1cm的鏈繩。

拉

打了一個結

下拉

拉

最後穿過繩子之後拉緊

脇邊

確實固定

下襬外側

5. 縫上腰帶

①依照腰帶完成尺寸的寬度燙折。

1cm　2.4cm　腰帶（正面）

0.1cm

②打開之後與後中心對齊縫合。

前中心

腰帶（背面）

後中心

1cm

③燙開縫份

腰帶（背面）

1cm

④腰帶與前褲片布料正面相對縫合。

腰帶（背面）

前褲片（正面）

腰帶（正面）

5cm

折入

0.1cm

前褲片（正面）

留著穿鬆緊帶

⑤整理腰帶形狀之後從正面車縫0.1cm抑制份。從5cm左右的開口穿入鬆緊帶，然後車縫固定。

※鬆緊帶的邊緣重疊1cm車縫固定。

f. 飛鼠袖上衣

photo ··· p.10

○ 材料　※身高80cm、90cm通用

表布 ········· 115cm寬×90cm

鈕扣 ········· 直徑11.5mm×1個

○ 原寸大紙型 A 面

・後片
・前片
・後貼邊
・前貼邊
・前脇邊
・後脇邊
・袖口布

※布環、蝴蝶結依照
尺寸製圖

○ 排布圖（單位cm　※除了特別的指定部位，縫份皆為1cm。）

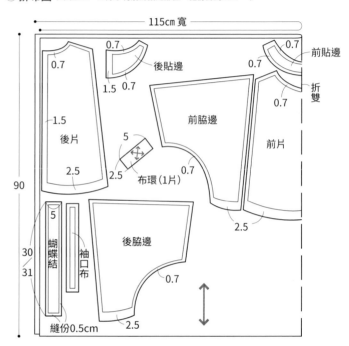

115cm 寬

0.7　前貼邊
0.7
折雙
0.7

0.7
後貼邊
1.5　0.7
1.5

後片
2.5

前脇邊

前片

5
布環(1片)
2.5
0.7
2.5

90
30
31

蝴蝶結
袖口布

後脇邊
0.7

縫份0.5cm
2.5

How to make

1. 分別車縫前片與前脇邊，後身片與後脇邊

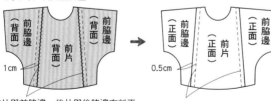

前脇邊（背面）
前脇邊（背面）
前片（背面）
1cm

→

前脇邊（正面）
前脇邊（正面）
前片（正面）
0.5cm

①前片與前脇邊，後片與後脇邊布料正
面相對縫合，兩片一起拷克布邊或是
做 Z 字形車縫。

②縫份倒向前中心，車縫
0.5cm的抑制份。

2. 車縫後中心

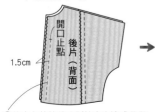

開口止點
後片（正面）
1.5cm

→

0.8cm
後片（背面）

①後中心的縫份分別拷克布邊或是做
Z 字形車縫。
從開口止點下方開始縫合。

②燙開縫份，從開口止點上方
0.8cm開始燙折三折邊。

3. 從肩線開始車縫到袖口

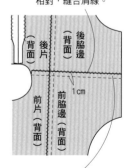

①前片與後片布料正面
相對，縫合肩線。

後片（背面）
後脇邊（背面）
前片（背面）
前脇邊（背面）
1cm

②兩片一起拷克布邊或做 Z 字
形車縫。

4. 縫上貼邊

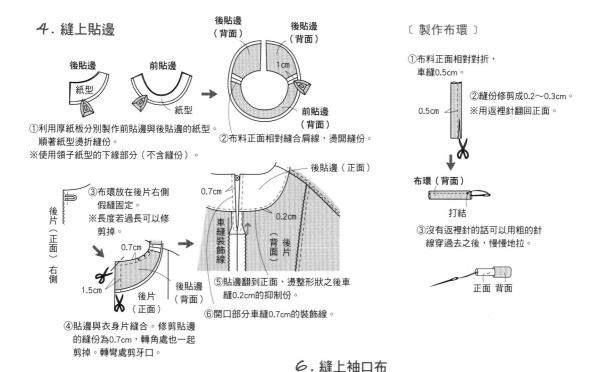

①利用厚紙板分別製作前貼邊與後貼邊的紙型。
順著紙型燙折縫份。
※使用領子紙型的下緣部分（不含縫份）。

後貼邊　紙型
前貼邊　紙型

後貼邊（背面）　後貼邊（背面）　1cm
前貼邊（背面）

②布料正面相對縫合肩線，燙開縫份。

後貼邊（正面）
0.7cm
0.2cm
車縫裝飾線
後片（背面）

③布環放在後片右側假縫固定。
※長度若過長可以修剪掉。

後片（正面）右側
0.7cm
1.5cm
後片（正面）
後貼邊（背面）

④貼邊與衣身片縫合。修剪貼邊的縫份為0.7cm，轉角處也一起剪掉。轉彎處剪牙口。

⑤貼邊翻到正面，燙整形狀之後車縫0.2cm的抑制份。

⑥開口部分車縫0.7cm的裝飾線。

〔 製作布環 〕

①布料正面相對對折，車縫0.5cm。

②縫份修剪成0.2～0.3cm。
※用返裡針翻回正面。

0.5cm

布環（背面）
打結

③沒有返裡針的話可以用粗的針線穿過去之後，慢慢地拉。

正面　背面

6. 縫上袖口布

袖口布（正面）　1cm
0.1cm

①1cm寬做四折邊，燙出折線。

袖口布（正面）
1cm　袖口布（背面）

②打開之後，布料正面相對，1cm處接合成圈。

③衣身片袖口抽褶。

0.7cm

在0.7cm位置上粗縫，拉縫線縮縫成袖口的尺寸。

④袖口布布料正面相對，車縫1cm。

脇邊（正面）　1cm
袖口布（背面）

⑤整理①的形狀，車縫0.1cm的抑制份。

0.1cm
脇邊（正面）
袖口布（正面）

5. 從袖下開始車縫到脇邊，下襬往上折

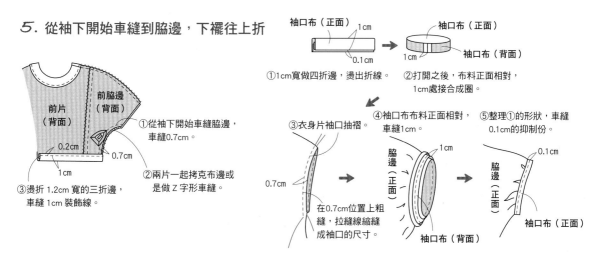

前片（背面）　前脇邊（背面）

0.2cm
0.7cm
1cm

①從袖下開始車縫脇邊，車縫0.7cm。

②兩片一起拷克布邊或是做Z字形車縫。

③燙折1.2cm寬的三折邊，車縫1cm裝飾線。

7. 縫上蝴蝶結

①車縫0.5cm，剪掉轉角。

0.5cm　縫
蝴蝶結用布（背面）

②利用竹尺之類的工具將它翻出來，燙整形狀。

竹尺　推

③往外車縫0.5cm。

蝴蝶結用布（正面）
2cm
縫合處放在下方
0.5cm
裁剪側
後片（正面）

④為了蓋住蝴蝶結布的縫份，將蝴蝶結用布往內側車縫固定。

1.5cm
0.5cm

8. 縫上鈕扣之後就完成了

9. 吊帶褲

photo … p.10

○ 材料 ※身高90cm的請參考（ ）內

表布‧‧‧‧‧‧‧‧105cm寬×110cm（80cm、90cm通用）
布襯‧‧‧‧‧‧‧‧25cm長×10cm寬（80cm、90cm通用）
鬆緊帶‧‧‧‧‧‧‧15mm寬×42cm（44cm）
6股鬆緊帶‧‧‧‧130cm（80cm、90cm通用）
D環‧‧‧‧‧‧‧‧10mm寬×2個
鈕扣‧‧‧‧‧‧‧‧直徑13mm寬×4個

○ 原寸大紙型 A 面

‧前褲片
‧後褲片
‧前門襟
‧前檔布
※腰圍依照尺寸製圖

○ 排布圖

（單位cm　※除了特別指定的部位，縫份皆為1cm。　※腰帶已含縫份。）

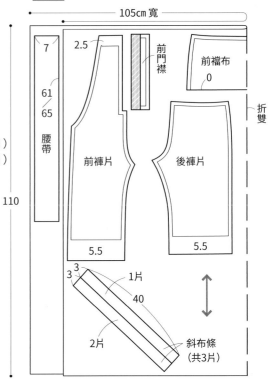

※ ▨ 處需貼布襯

How to make

1. 分別車縫前後褲片的股上線

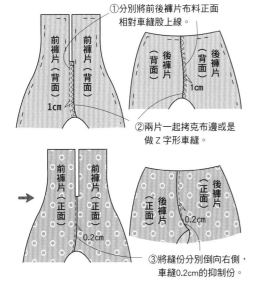

① 分別將前後褲片布料正面相對車縫股上線。

② 兩片一起拷克布邊或是做 Z 字形車縫。

1cm

③ 將縫份分別倒向右側，車縫0.2cm的抑制份。

0.2cm

2. 製作前開口

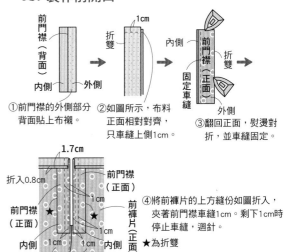

① 前門襟的外側部分背面貼上布襯。

② 如圖所示，布料正面相對對齊，只車縫上側1cm。

③ 翻回正面，熨燙對折，並車縫固定。

1.7cm
折入0.8cm

④ 將前褲片的上方縫份如圖折入，夾著前門襟車縫1cm。剩下1cm時停止車縫，迴針。

★為折雙

固定車縫

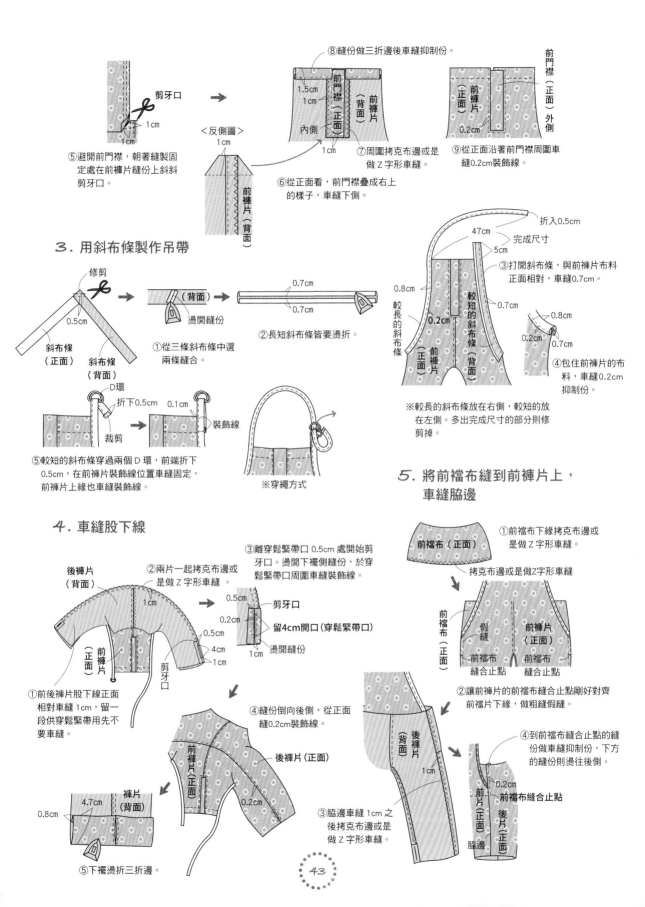

⑧縫份做三折邊後車縫抑制份。

⑤避開前門襟，朝著縫製固定處在前褲片縫份上斜斜剪牙口。

剪牙口
1cm
1cm

＜反側圖＞
1cm
前褲片（背面）

1.5cm
1cm
前門襟（正面）
前褲片（背面）
內側
1cm

⑦周圍拷克布邊或是做Z字形車縫。

⑥從正面看，前門襟疊成右上的樣子，車縫下側。

前門襟（正面）外側
前褲片（正面）
前褲片（正面）
0.2cm

⑨從正面沿著前門襟周圍車縫0.2cm裝飾線。

3. 用斜布條製作吊帶

修剪
0.5cm
斜布條（正面）
斜布條（背面）

（背面）
燙開縫份
0.7cm
0.7cm

①從三條斜布條中選兩條縫合。

②長短斜布條皆要燙折。

D環
折下0.5cm
0.1cm
裝飾線
裁剪

⑤較短的斜布條穿過兩個D環，前端折下0.5cm，在前褲片裝飾線位置車縫固定，前褲片上緣也車縫裝飾線。

※穿繩方式

折入0.5cm
47cm
完成尺寸
5cm

③打開斜布條，與前褲片布料正面相對，車縫0.7cm。

0.8cm
較長的斜布條
0.2cm
較短的斜布條（背面）
前褲片（正面）
0.7cm

0.8cm
0.2cm
0.7cm

④包住前褲片的布料，車縫0.2cm抑制份。

※較長的斜布條放在右側，較短的放在左側。多出完成尺寸的部分則修剪掉。

4. 車縫股下線

後褲片（背面）
②兩片一起拷克布邊或是做Z字形車縫。
1cm
前褲片（正面）
前褲片（正面）
剪牙口

①前後褲片股下線正面相對車縫1cm，留一段供穿鬆緊帶用先不要車縫。

③離穿鬆緊帶口0.5cm處開始剪牙口。燙開下襠側縫份，於穿鬆緊帶口周圍車縫裝飾線。
0.5cm
剪牙口
0.2cm
留4cm開口（穿鬆緊帶口）
0.5cm
4cm
1cm
燙開縫份

④縫份倒向後側，從正面縫0.2cm裝飾線。
後褲片（正面）

前褲片（正面）
0.2cm

③脇邊車縫1cm之後拷克布邊或是做Z字形車縫。

褲片（背面）
4.7cm
0.8cm

⑤下襬燙折三折邊。

5. 將前襠布縫到前褲片上，車縫脇邊

前襠布（正面）

①前襠布下緣拷克布邊或是做Z字形車縫。

拷克布邊或是做Z字形車縫

前襠布（正面）
假縫
前褲片（正面）
前襠布縫合止點
前襠布縫合止點

②讓前褲片的前襠布縫合止點剛好對齊前襠片下緣，做粗縫假縫。

前襠布（背面）
後褲片（背面）
1cm

④到前襠布縫合止點的縫份做車縫抑制份，下方的縫份則燙往後側。

0.2cm
前襠布（正面）
前襠布縫合止點
後片（正面）
脇邊

6. 縫上腰帶

※請參考 p.35 的打褶褲作法。

7. 處理下襬

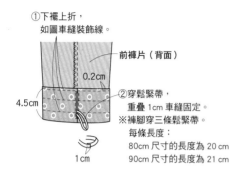

①下襬上折，
如圖車縫裝飾線。

前褲片（背面）

0.2cm

4.5cm

②穿鬆緊帶，
重疊 1cm 車縫固定。

※褲腳穿三條鬆緊帶。
每條長度：
80cm 尺寸的長度為 20 cm
90cm 尺寸的長度為 21 cm

1cm

8. 開扣眼，縫上扣子

右側開扣眼。
左側縫上鈕扣。

h. 罩衫式洋裝

photo ··· p.12

○ **材料** ※身高90cm的請參考（）內

表布········· 110cm 寬 ×100cm（110cm）
鬆緊帶······ （6股鬆緊帶）120cm（130cm）

○ **原寸大紙型 A 面**

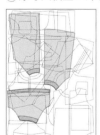

・後片
・後貼邊
・前片
・前貼邊
・袖子
・袖貼邊
・袖口貼邊

○ 排布圖（單位cm ※尺寸依序為80／90尺寸，縫份皆為1cm。）

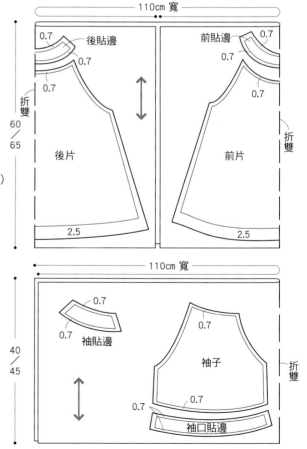

110cm 寬

0.7 後貼邊　前貼邊 0.7
0.7　　　　　　　　　　0.7
0.7　　　　　　　　　　0.7

折雙

60／65

後片　　　　　　前片

折雙

2.5　　　　　　　　2.5

110cm 寬

40／45

0.7
0.7 袖貼邊
0.7　　　　　　0.7
袖子
0.7　　0.7
袖口貼邊

折雙

1. 縫合袖子與衣身

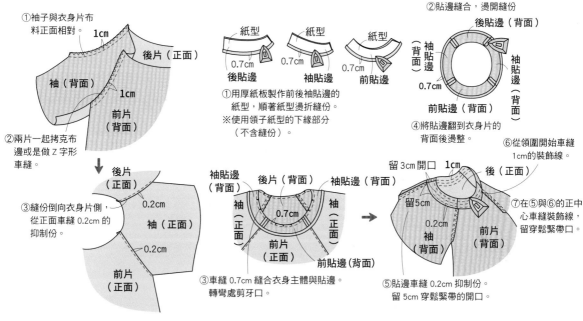

①袖子與衣身片布料正面相對。 1cm

後片（正面）

袖（背面）

1cm

前片（背面）

②兩片一起拷克布邊或是做Z字形車縫。

③縫份倒向衣身片側，從正面車縫0.2cm的抑制份。

後片（正面）

0.2cm

袖（正面）

0.2cm

前片（正面）

2. 領圍縫上貼邊

紙型

後貼邊 0.7cm

紙型

袖貼邊 0.7cm

紙型

前貼邊 0.7cm

①用厚紙板製作前後袖貼邊的紙型，順著紙型燙折縫份。
※使用領子紙型的下緣部分（不含縫份）。

②貼邊縫合，燙開縫份

後貼邊（背面）

袖貼邊（背面）

袖貼邊（背面）

0.7cm

前貼邊（背面）

④將貼邊翻到衣身片的背面後燙整。

袖貼邊（背面） 後片（背面） 袖貼邊（背面）

0.7cm

袖（正面）

袖（正面）

前片（正面）

前貼邊（背面）

③車縫0.7cm縫合衣身主體與貼邊。轉彎處剪牙口。

⑥從領圍開始車縫1cm的裝飾線。

留3cm開口 1cm 後（正面）

留5cm

0.2cm

袖（背面）

前片（背面）

⑦在⑤與⑥的正中心車縫裝飾線，留穿鬆緊帶口。

⑤貼邊車縫0.2cm抑制份。留5cm穿鬆緊帶的開口。

3. 從袖下開始車縫脇邊，下襬上折

袖（背面）

前片（背面）

1cm

①從袖下開始車縫脇邊，兩片縫份一起拷克布邊或是做Z字形車縫。

③將下襬燙折成1.2cm寬的三折邊，車縫1cm裝飾線。

②縫份倒向後側。

0.2cm

1cm

4. 在袖口縫上貼邊

①先燙折袖口貼邊的上側縫份。

袖口貼邊（背面）

②車縫1cm縫合成一圈，燙開縫份。

袖口貼邊（背面）

③袖子與袖口貼邊布料正面相對，車縫0.7cm縫合。

袖口貼邊（背面）

袖（正面）

0.7cm

前片（正面）

④將貼邊翻到袖子裡側，燙整形狀。

0.2cm

袖背面

留3cm

車縫1.3cm裝飾線

⑤貼邊車縫0.2cm的抑制份，留3cm的鬆緊帶開口。

⑥在距袖口1.3cm處車縫裝飾線。

前片（背面）

5. 袖圍與袖口穿鬆緊帶

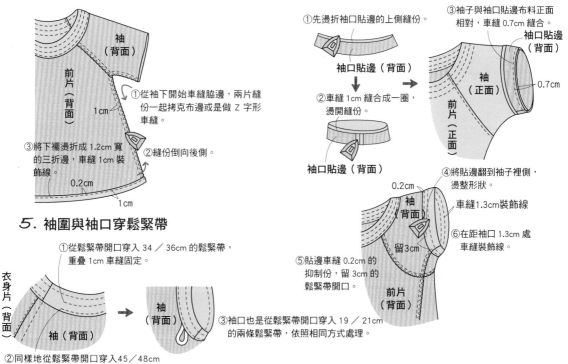

①從鬆緊帶開口穿入34／36cm的鬆緊帶，重疊1cm車縫固定。

衣身片（背面）

袖（背面）

袖（背面）

②同樣地從鬆緊帶開口穿入45／48cm的鬆緊帶，重疊1cm車縫固定。

③袖口也是從鬆緊帶開口穿入19／21cm的兩條鬆緊帶，依照相同方式處理。

i. 燈籠褲

photo … p.13

○ **材料** ※身高90cm的請參考（ ）內

表布‧‧‧‧‧‧ 145cm寬×80cm
（80cm、90cm通用）

別布‧‧‧‧‧‧ 20cm長×35cm寬
（80cm、90cm通用）
（110cm寬的用量也一樣）

防延展膠帶‧‧ 對折斜布條
1.2cm寬×30cm
（80cm、90cm通用）

鬆緊帶‧‧‧‧‧ 15cm寬×42cm（44cm）

鬆緊帶‧‧‧‧‧ 35cm寬×42cm（44cm）

○ **原寸大紙型 B 面**

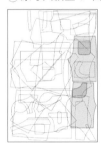

‧前褲片
‧後褲片
‧外袋布
‧內袋布
‧口袋布
※ 腰帶依照尺寸製圖

○ **排布圖**（單位cm ※除了特別的指定部位，縫份皆為1cm。 ※腰帶已含縫份。）

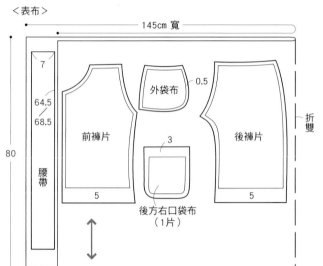

＜表布＞

145cm 寬

7
64.5
68.5
80

腰帶

前褲片 5

外袋布 0.5

3

後方右口袋布
（1片）

後褲片 5

折雙

※110cm寬的布料，腰帶的裁剪方式
相同，前後褲片橫向排列，口袋布放在
褲片下方空的位置。

＜別布＞

35cm 寬

20

內袋布 0.5

折雙

How to make

1. 製作前口袋

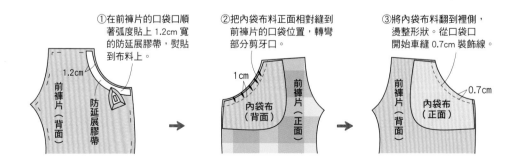

①在前褲片的口袋口順
著弧度貼上 1.2cm 寬
的防延展膠帶，熨貼
到布料上。

1.2cm

前褲片
（背面）

防延展膠帶

②把內袋布料正面相對縫到
前褲片的口袋位置，轉彎
部分剪牙口。

1cm

內袋布
（背面）

前褲片
（正面）

③將內袋布料翻到裡側，
燙整形狀。從口袋口
開始車縫 0.7cm 裝飾線。

前褲片
（背面）

內袋布
（正面）

0.7cm

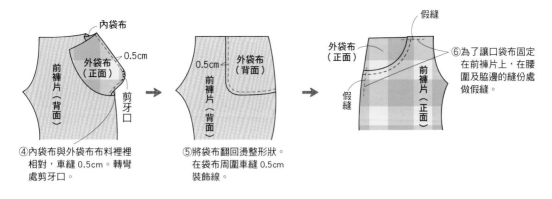

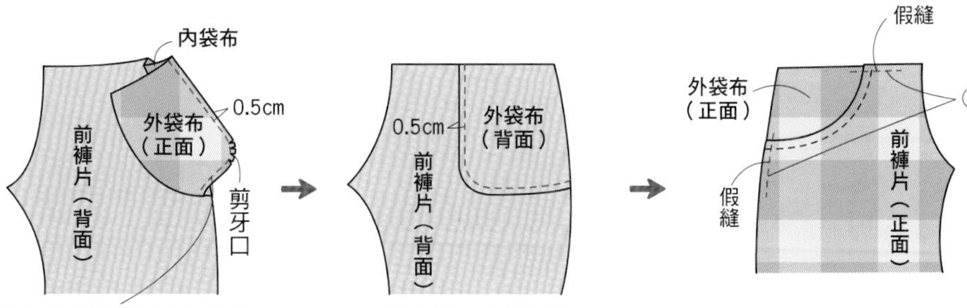
內袋布
外袋布
（正面）
0.5cm
前褲片（背面）
剪牙口
0.5cm
外袋布
（背面）
前褲片（背面）
假縫
外袋布
（正面）
假縫
前褲片（正面）

④內袋布與外袋布布料裡裡相對，車縫 0.5cm。轉彎處剪牙口。

⑤將袋布翻回燙整形狀。在袋布周圍車縫 0.5cm 裝飾線。

⑥為了讓口袋布固定在前褲片上，在腰圍及脇邊的縫份處做假縫。

2. 縫上後方口袋

※ 參考 p.34 的打褶褲步驟 2。

3. 車縫脇邊

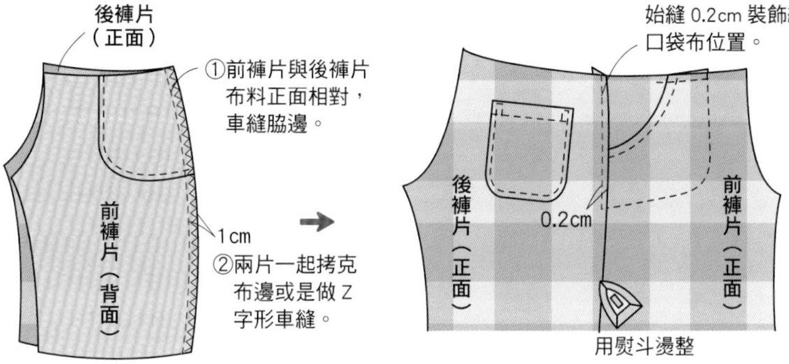
後褲片
（正面）
前褲片（背面）
1cm
0.2cm
後褲片（正面）
前褲片（正面）
用熨斗燙整

①前褲片與後褲片布料正面相對，車縫脇邊。

②兩片一起拷克布邊或是做 Z 字形車縫。

③縫份倒向後褲片，從腰圍開始縫 0.2cm 裝飾線到口袋的口袋布位置。

4. 車縫股下線

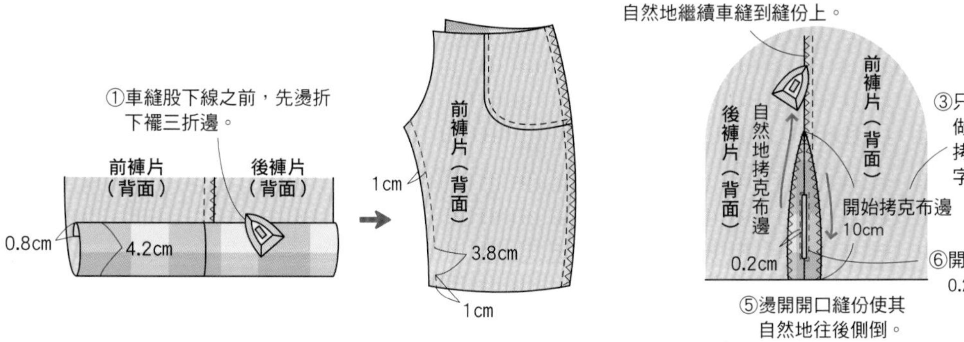
前褲片
（背面）
後褲片
（背面）
0.8cm
4.2cm
1cm
前褲片（背面）
3.8cm
1cm
後褲片（背面）
自然地拷克布邊
前褲片（背面）
開始拷克布邊
10cm
0.2cm

①車縫股下線之前，先燙折下襬三折邊。

②股下線車縫 1cm，留穿鬆緊帶的開口。

③只有前褲片的縫份做 10cm 長左右的拷克布邊或是做 Z 字形車縫。

④從下襬後褲片的縫份處開始拷克布邊或是做 Z 字形車縫，車縫 10cm 後，自然地繼續車縫到縫份上。

⑤燙開開口縫份使其自然地往後側倒。

⑥開口周圍車縫 0.2cm 裝飾線。

5. 車縫股上線

※ 參考 p.35 的打褶褲步驟 4。

6. 縫上腰帶

※ 參考 p.35 的打褶褲步驟 5。

7. 下襬往上折，穿過鬆緊帶

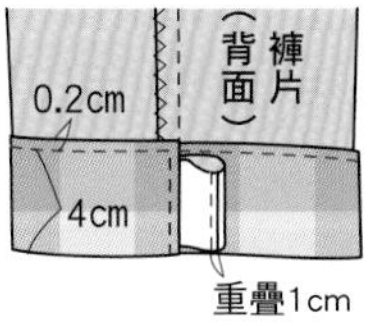
褲片
（背面）
0.2cm
4cm
重疊1cm

①依照燙折的三折邊折線往上折。

②從穿鬆緊帶開口穿入21／22cm的鬆緊帶，重疊1cm車縫固定。

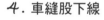

j. 抽褶洋裝

photo … p.14

○ 材料　※身高80cm、90cm通用

表布‧‧‧‧‧‧‧　110cm寬×110cm

鈕扣‧‧‧‧‧‧‧　直徑15mm×1個

○ 原寸大紙型 B 面

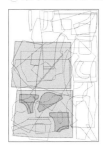

・前裙片
・後裙片
・後片
・前片
・後貼邊
・前貼邊
・袖子
※ 布環依照尺寸製圖

○ 排布圖（單位cm　※除了特別的指定部位，縫份皆為1cm。）

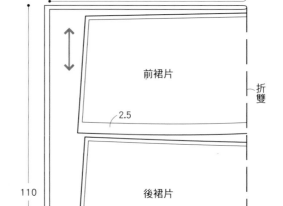
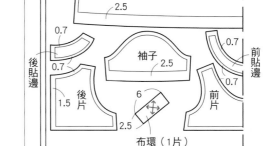

110cm 寬

前裙片　2.5　折雙

後裙片　2.5

0.7　0.7　前貼邊

0.7　0.7

袖子　2.5

110

後貼邊

1.5　後片　2.5

6

前片

布環（1片）

How to make

1. 車縫後片中心線

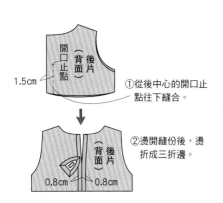

開口止點

（背面）後片

1.5cm

①從後中心的開口止點往下縫合。

②燙開縫份後，燙折成三折邊。

（背面）後片

0.8cm　0.8cm

2. 車縫肩線之後縫上貼邊

①前片與後片布料正面相對對齊，車縫肩線。

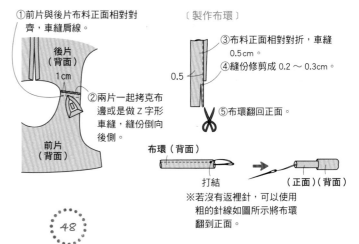

後片（背面）

1cm

前片（背面）

②兩片一起拷克布邊或是做 Z 字形車縫，縫份倒向後側。

〔製作布環〕

③布料正面相對對折，車縫 0.5cm。

④縫份修剪成 0.2～0.3cm。

0.5

⑤布環翻回正面。

布環（背面）

打結

（正面）（背面）

※若沒有返裡針，可以使用粗的針線如圖所示將布環翻到正面。

〔製作貼邊〕

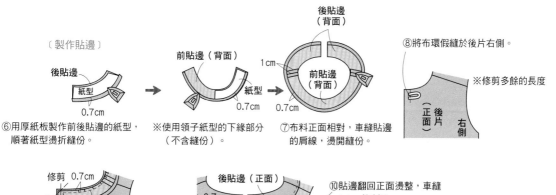

⑥用厚紙板製作前後貼邊的紙型，順著紙型燙折縫份。

※使用領子紙型的下緣部分（不含縫份）。

⑦布料正面相對，車縫貼邊的肩線，燙開縫份。

⑧將布環假縫於後片右側。

※修剪多餘的長度

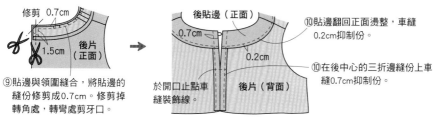

⑨貼邊與領圍縫合，將貼邊的縫份修剪成0.7cm。修剪掉轉角處，轉彎處剪牙口。

⑩貼邊翻回正面燙整，車縫0.2cm抑制份。

⑩在後中心的三折邊縫份上車縫0.7cm抑制份。

於開口止點車縫裝飾線。

３. 車縫衣身片脇邊

①車縫衣身片兩脇邊。

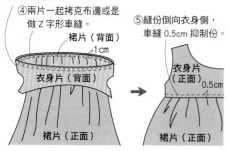

②兩片縫份一起拷克布邊或是做Z字形車縫，縫份倒向後側。

４. 車縫裙子脇邊線，下襬上折

①前後裙片布料正面相對車縫兩脇邊。

②兩片一起拷克布邊或是做Z字形車縫，縫份倒向後側。

③燙折下襬成1.2cm寬三折邊，然後車縫1cm裝飾線。

５. 將裙子縫到衣身片上

①在 0.5cm 與 0.7cm 位置上分四等分做粗縫。

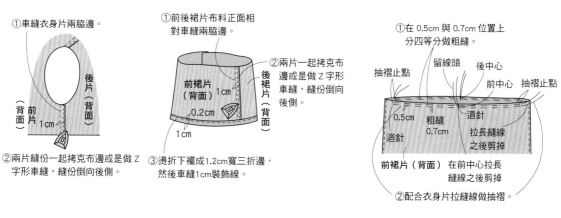

抽褶止點　後中心　留線頭　前中心　抽褶止點

0.5cm　粗縫　迴針　拉長縫線之後剪掉

迴針　0.7cm

前裙片（背面）　在前中心拉長縫線之後剪掉

②配合衣身片拉縫線做抽褶。

③讓衣身片與裙片前後中心以及兩脇邊對齊，抽褶均勻之後縫合。

④兩片一起拷克布邊或是做Z字形車縫。

⑤縫份倒向衣身側，車縫 0.5cm 抑制份。

裙片（背面）1cm

衣身片（背面）

裙片（正面）

衣身片（正面）0.5cm

裙片（正面）

６. 縫上袖子

③在袖山先做 0.5cm 與 0.7cm 粗縫，稍作縮縫製作袖山高。

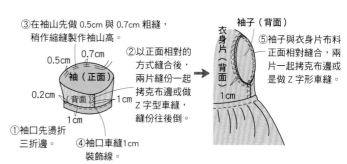

0.5cm　0.7cm

袖（正面）

0.2cm　（背面）　1cm

1cm

①袖口先燙折三折邊。

②以正面相對的方式縫合後，兩片縫份一起拷克布邊或做Z字型車縫，縫份往後倒。

④袖口車縫1cm裝飾線。

袖子（背面）

衣身片（背面）

⑤袖子與衣身片布料正面相對縫合，兩片一起拷克布邊或是做Z字形車縫。

1cm

７. 縫上扣子就完成了

k. 小圓領寬版洋裝

photo … p.15

○ 材料 ※身高90cm的請參考（ ）內

表布‧‧‧‧‧‧‧ 110 cm寬 ×80 cm（ 90 cm ）

布襯‧‧‧‧‧‧‧ 20 cm長 ×30 cm寬
（ 80 cm、90 cm通用 ）

鈕扣‧‧‧‧‧‧‧ 直徑 11.5 mm ×1 個

○ 排布圖
（ 單位cm ※用量依照80／90cm的順序標示。 ※除了特別指定部位，縫份皆為1cm。 ）

※ 〔斜線〕處需貼布襯

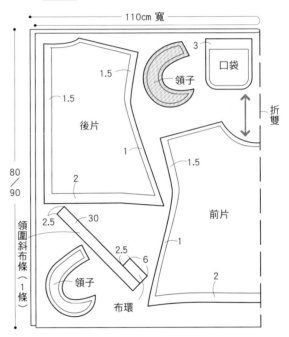

○ 原寸大紙型 B 面

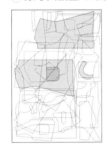

‧ 後片
‧ 前片
‧ 領子
‧ 口袋
※ 布環依照尺寸製圖

How to make

1. 車縫後片中心

①後片的縫份各自拷克布邊或是做 Z 字形車縫。

③燙開縫份，開口止點上側的縫份折成0.8cm 的三折邊。

②布料正面相對，縫合開口止點下方。

④後片右側夾著布環，車縫固定布環，開口部分周圍車縫 0.7cm 裝飾線。

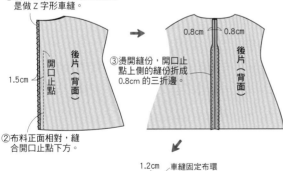

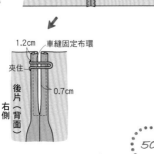

2. 將口袋縫上前片

②口袋口燙折三折邊之後車縫裝飾線。

③用厚紙板製作完成線尺寸的紙型，順著紙型將縫份燙折進去。

①口袋周圍拷克布邊或是做 Z 字形車縫。

④口袋放上前片，車縫 0.4cm 固定。

⑤口袋口的兩側用細針目做 Z 字形車縫。

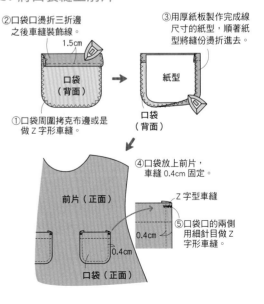

3. 下襬上折，車縫肩線與脇邊

※因為是脇邊線下移的設計，所以車縫脇邊之前，先分別車縫前片與後片的下襬。

②前後片布料正面相對對齊，縫合肩線。兩片一起拷克布邊或是做 Z 字形車縫，縫份倒向後片。

③前後脇邊縫份各自拷克布邊或是做 Z 字形車縫。
※從袖口止點上方2～3cm位置開始。

①做1cm的三折邊之後車縫裝飾線。

④袖口止點的縫份從 1.5cm 自然地變成 1cm，與脇邊線重疊。

⑤燙折袖口縫份做三折邊之後車縫 0.7cm。

⑥為了不讓脇邊下襬處的縫份晃動，從正面側重疊下襬車縫線車縫固定縫份。

把縫份折進去，以藏針縫固定，使其不會從下襬露出。

車縫固定
折三角形
燙開縫份

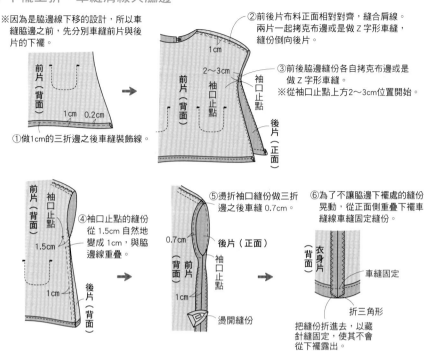

4. 縫上領子

①表領布需要貼上布襯，表領布與裡領布布料正面相對縫合，修剪後領的縫份尖角。四周縫份也都修剪為 0.5cm 寬。整體都須剪牙口。

修剪
表領（背面）
裡領（背面）
1cm
0.5cm
剪牙口

②翻回正面，燙整形狀，在縫合側車縫 0.7cm做假縫。

裡領做0.1～0.2cm抑制份
裡領的縫份稍微突出
0.7cm
假縫

※熨燙時，裡領稍微從表領中露出，此時稍微露出縫合側縫份。

③將領子放到衣身片領圍做假縫。再於上方放上斜成 0.5cm 的斜布條，車縫固定。

1cm 1cm
折成0.5cm
領子（正面）
後片（正面）

④縫份修剪成 0.5cm，轉彎處剪牙口。

剪成0.5cm
剪牙口
前片（正面）

⑤斜布條翻到背面，車縫 0.8cm。

0.8cm
藏針縫
前片（正面）
後中心斜布條突出部分修剪成 0.5cm之後折入藏針縫。

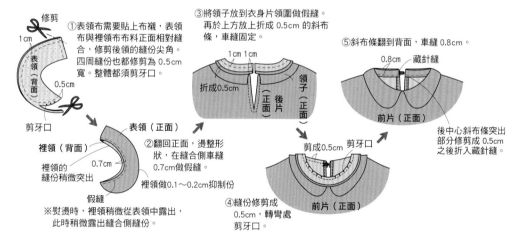

5. 縫上扣子

後方開口處縫上鈕扣之後完成。

鈕扣
後片（正面）

L. 褲裙

photo … p.16

材料 ※身高90cm的請參考( )內

表布……… 118cm寬×120cm（130cm）

鬆緊帶……… 15mm寬×42cm（44cm）

鈕扣……… 直徑15mm×1個

原寸大紙型 B 面

・前片

・後片

※ 腰圍依照尺寸製圖

排布圖
（單位cm ※除了特別的指定部位，縫份皆為1cm。 ※腰帶已含縫份。）

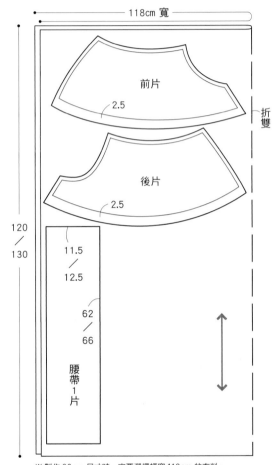

118cm 寬

前片

2.5

後片

2.5

折雙

120 / 130

11.5 / 12.5

62 / 66

腰帶 1 片

※ 製作 90cm 尺寸時一定要選擇幅寬 118cm 的布料。

※ 腰帶也可以橫布紋方向裁剪。布料用量參考 80cm 尺寸（通用）。

How to make

----

1. 車縫脇邊與股下線

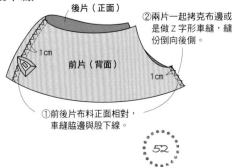

後片（正面）

②兩片一起拷克布邊或是做 Z 字形車縫，縫份倒向後側。

1cm

前片（背面）

1cm

①前後片布料正面相對，車縫脇邊與股下線。

2. 車縫股上線

①布料正面相對，車縫股上線。兩片一起拷克布邊或是做 Z 字形車縫。

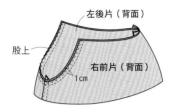

左後片（背面）

股上

右前片（背面）

1cm

②股上線的縫份倒向右側，從正面車縫 0.2cm 抑制份。

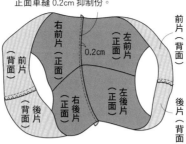

右前片（正面）

左前片（正面）

0.2cm

前片（背面）

前片（背面）

後片（背面）

右後片（正面）

左後片（正面）

後片（背面）

3. 縫上腰帶，下襬上折

①將腰帶燙折成完成尺寸。

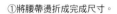

腰帶折線

4.5／5cm

腰帶外側（正面）

0.1cm

②打開折線，布料正面相對與後中心對齊車縫。

後中心

腰帶外側（背面）

腰帶折線

1cm

前中心

腰帶內側（背面）

0.3cm

留 1.7cm

※為了留穿鬆緊帶的開口，在腰帶折線下方 0.3cm 處迴針，留 1.7cm 之後再縫。

③燙開後中心縫份，於穿鬆緊帶開口車縫裝飾線。

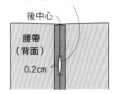

後中心

腰帶（背面）

0.2cm

④把腰圍分成前後中心與兩脇邊四等分，粗縫之後拉縫線做抽摺。

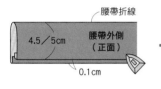

拉縫線

0.5cm　0.7cm

前片（正面）

前片（正面）

後片（背面）

後片（背面）

⑤縫合腰帶與褲裙。

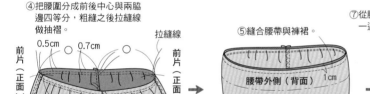

腰帶外側（背面）

1cm

腰帶內側（背面）

前片（正面）

⑦從腰帶折線往下 2.2cm 處車縫一道線，然後穿入鬆緊帶。

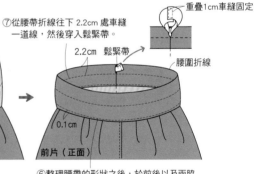

重疊1cm車縫固定

2.2cm　鬆緊帶

腰圍折線

0.1cm

前片（正面）

⑥整理腰帶的形狀之後，於前後以及兩脇邊用珠針固定，車縫0.1cm抑制份。

4. 縫上鈕扣

方便穿著時辨識前後，縫上裝飾用扣子。

鈕扣

褲裙（正面）

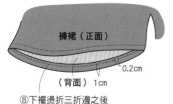

褲裙（正面）

0.2cm

（背面）　1cm

⑧下襬燙折三折邊之後車縫裝飾線。

n. 圓領襯衫

photo … p.18

○ 材料 ※身高80cm、90cm通用

表布‥‥‥‥ 115cm寬×80cm
布襯‥‥‥‥ 40cm長×30cm寬
鈕扣‥‥‥‥ 直徑10mm×1個
　　　　　　 直徑11.5mm×5個

○ 原寸大紙型 B 面

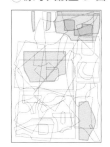

· 前片
· 後片
· 前門襟
· 袖子
· 剪接
· 領片
· 領台
· 口袋

○ 排布圖（單位cm　※除了特別指定部位，縫份皆為1cm。）

※ ▨▨ 處需貼布襯

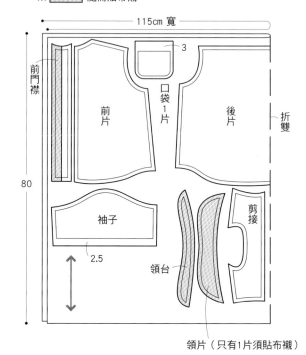

領片（只有1片須貼布襯）

How to make

1. 將口袋縫上左前片

②口袋口邊折三折邊後車縫裝飾線。

1.5cm
0.2cm
口袋（背面）

①口袋周圍拷克布邊或是做 Z 字形車縫。

③用厚紙板依照完成線製成紙型，抵著紙型將縫份熨燙折入。

紙型
口袋（背面）

④把口袋放上左前片的口袋縫製位置，車縫 0.5cm 的抑制份。

口袋（正面）

0.5cm
左前片（正面）

Z 字形車縫

⑤口袋口的兩側用細針目做 Z 字形車縫。

2. 縫上剪接

①折好後中心的褶子之後假縫。

0.7cm
假縫
後片（正面）

②剪接夾著後片，三片一起車縫。

1cm
（背面）
剪接（背面）外側
後片（正面）

③從剪接的領圍開始像是要把縫份拉出來似的，夾著前片三片一起車縫。

前片（正面）

剪接內側（背面）

0.5cm
1cm
前片（正面）

④在剪接上夾著衣身片的位置車縫裝飾線。

剪接外側（正面）
後片（正面）

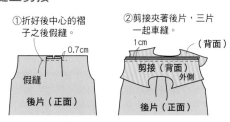

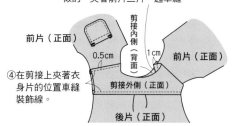

3. 縫上袖子

①袖子與衣身片布料正面相對縫合，拷克布邊或是做Z字形車縫。

②縫份倒向衣身側，從正面車縫0.5cm。

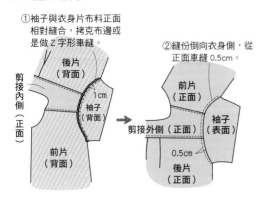

剪接內側（正面）
後片（背面）
袖子（背面）
1cm
前片（背面）

剪接外側（正面）
前片（正面）
袖子（表面）
0.5cm
後片（正面）

4. 從袖下開始車縫到脇邊，將袖子與下襬上折

②燙折袖口做三折邊，車縫1cm。

①從袖下開始一路車到脇邊。兩片一起拷克布邊或是做Z字形車縫，縫份往後片倒。

③燙折下襬做0.5cm的三折邊，車縫裝飾線。

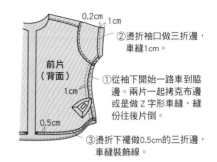

0.2cm 1cm
前片（背面）
1cm
0.5cm

5. 縫上前門襟

①於前門襟表布的背面貼上布襯。

②燙折成完成尺寸的形狀。

③打開燙折處，對齊衣身片邊緣，車縫1cm，縫合兩片布料。

④車縫前門襟的下襬部分。

⑤燙整前門襟成完成尺寸的形狀之後車縫0.2cm抑制份。邊緣與下襬也車縫裝飾線。

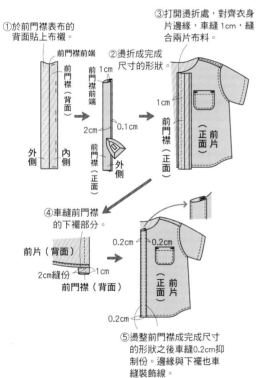

前門襟前端
前門襟（背面）
前門襟前端
前門襟（正面）
1cm
0.1cm
2cm
外側
內側
前門襟（正面）
外側

前門襟（正面）
1cm
前片（正面）

前片（背面）
0.2cm 0.2cm
2cm縫份 1cm
前門襟（背面）
前片（正面）
0.2cm

7. 開扣眼，縫上扣子

10mm
11.5mm

※如果是男孩子的襯衫，於左側開扣眼，於右側縫上扣子。
領台的扣子使用直徑10mm的，而衣身處則縫上直徑11.5mm的扣子。
領台的扣眼為橫向，衣身處的扣眼則為縱向。

6. 製作領子縫到衣身片上

①在表領片的背面貼上布襯，領片布料正面相對齊縫合。

②修剪縫份成0.6cm，轉彎處剪牙口。

1cm
表領片（背面）

③翻到正面，為了讓裡領片突出0.1～0.2cm，燙整之後車縫0.5cm的縫線。

0.5cm
表領片（正面）
稍稍鼓起來
0.2～0.3cm
自然地對齊
假縫
裡領片稍微突出

④表領稍微隆起，做假縫讓裡領突出0.2～0.3cm。

⑤在表領台與裡領台貼布襯。燙折表領台的縫合側縫份。

裡領台（背面）
表領片（背面）
1cm

⑥將表領片放到領台上，對齊縫合止點做假縫。

領片縫合止點
假縫
領片縫合止點
表領台（正面）
表領片（正面）

⑦與裡領台布料正面相對縫合。車縫時將縫份打開避開縫份。

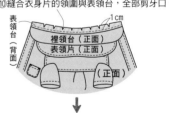

表領台（背面）
1cm
縫合止點
1cm
裡領台（正面）
裡領片（正面）
打開折線

⑧修剪縫份成0.5cm，轉彎處剪牙口。

0.5cm

⑨翻回正面燙整，燙折使裡領台的縫份比表領台突出0.1cm。

裡領片（正面）
0.1cm
表領台（正面）
縫上裡領片的一側，縫份內折。

⑩縫合衣身片的領圍與表領台，全部剪牙口。

表領台（背面）
裡領台（正面）
表領台（正面）
1cm
（正面）

⑪蓋住裡領台之後假縫或是用珠針固定，沿著表領台的邊緣車縫0.2cm之後，沿著表領台邊緣車縫一圈。

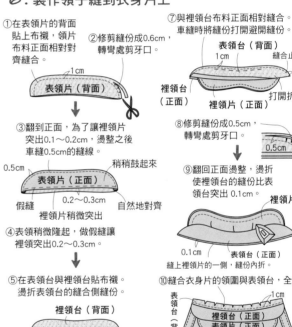

表領片（正面）
裡領台（正面）
0.2cm
假縫
（背面）

O. 背心

photo … p.18

○ 材料 ※身高80cm、90cm通用

表布……… 140cm寬×40cm
　　　　　（110cm寬的布料用量也相同）
裡布……… 110cm寬×40cm
布襯……… 40cm長×30cm寬
鈕扣……… 直徑15mm×4個
　　　　　 直徑18mm×2個

○ 原寸大紙型 B 面

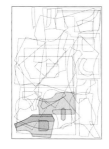

・前片
・後片
・貼邊
・口袋
・垂片

○ 排布圖

（單位cm　※除了特別的指定部位，縫份皆為1cm。
　　※使用110cm寬的布料時，配置方法相同。）

※ ▨▨ 處需貼布襯

<表布>

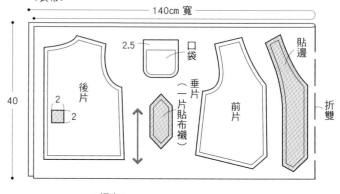

<裡布>

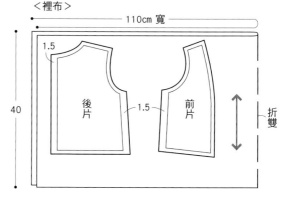

How to make

1. 將口袋縫到前片表布上

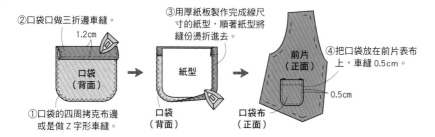

②口袋口做三折邊車縫。
1.2cm
③用厚紙板製作完成線尺寸的紙型，順著紙型將縫份燙折進去。
④把口袋放在前片表布上，車縫0.5cm。
前片（正面）
0.5cm
口袋（背面）
紙型
口袋（背面）
①口袋的四周拷克布邊或是做Z字形車縫。
口袋布（正面）

2. 車縫表布的後片，然後與表布的前片對齊車縫脇邊線與肩線

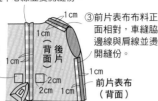

②後片表布布料正面相對，車縫中心線並燙開縫份。

①在後片的垂布用鈕扣縫製位置的背面貼上2X2cm的布襯。

1cm
1cm
後片（背面）
1cm

③前片表布布料正面相對，車縫脇邊線與肩線並燙開縫份。

1cm
2cm
2cm 1cm
前片表布（背面）

3. 車縫衣身裡布

①在貼邊的背面貼上布襯，與前片裡布縫合，縫份倒向前片裡布。

前片（背面）
貼邊（背面）
1cm
前片裡布（背面）
貼上布襯

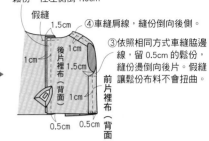

②車縫後片的中心，為了留0.5cm的鬆份，往左側倒1.5cm。

假縫
1.5cm

④車縫肩線，縫份倒向後側。

1cm
後片裡布（背面）
1.5cm
1cm
前片裡布（背面）

③依照相同方式車縫脇邊線，留0.5cm的鬆份，縫份燙倒向後片。假縫讓鬆份布料不會扭曲。

0.5cm 0.5cm

4. 縫合表布與裡布

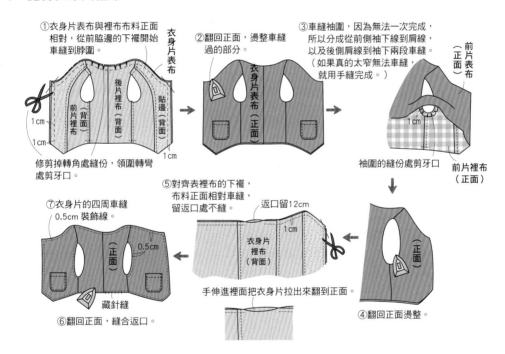

①衣身片表布與裡布布料正面相對，從前脇邊的下襬開始車縫到脖圍。

衣身片表布
前片裡布（背面）
後片裡布（背面）
貼邊（背面）
1cm
1cm

修剪掉轉角處縫份，領圍轉彎處剪牙口。

②翻回正面，燙整車縫過的部分。

衣身片表布（正面）

③車縫袖圍，因為無法一次完成，所以分成從前側袖下線到肩線，以及後側肩線到袖下兩段車縫。（如果真的太窄無法車縫，就用手縫完成。）

前片表布（正面）
1cm
前片裡布（正面）

袖圍的縫份處剪牙口

⑤對齊表裡布的下襬，布料正面相對車縫，留返口處不縫。

返口留12cm
1cm
衣身片裡布（背面）

手伸進裡面把衣身片拉出來翻到正面。

（正面）

④翻回正面燙整。

⑦衣身片的四周車縫0.5cm裝飾線。

（正面）
0.5cm

藏針縫

⑥翻回正面，縫合返口。

5. 製作垂片

①垂布朝外的那一側貼上布襯。

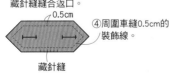

1cm

②布料正面相對縫合，留返口。修剪轉角處縫份。

4cm返口

③翻回正面燙整形狀之後，藏針縫縫合返口。

0.5cm

④周圍車縫0.5cm的裝飾線。

藏針縫

6. 在衣身片和垂片上製作扣眼，然後縫上扣子

※在垂片上縫上直徑18mm的扣子，前側縫上15mm的扣子。

※前面開口處，左側製作扣眼，右側縫上扣子。

15mm

18mm

q. 連帽針織連身衫

photo … p.20

○ 材料　※身高80cm、90cm通用

表布（針織）　180cm寬×75cm
　　　　　　　（80cm、90cm通用）

羅紋‥‥‥‥　45cm寬×20cm
　　　　　　　（80cm、90cm通用）

繩子‥‥‥‥　95cm（100cm）

針織布料專用防延展膠帶
‥‥‥‥‥‥　1.5cm寬×14cm

針織布料專用針線

布襯‥‥‥‥　3cm×3cm
　　　　　　　（用於扣眼部分）

○ 原寸大紙型 B 面

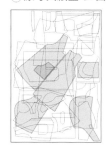

　・後片
　・前片
　・帽子
　・袖子
　・口袋
　・羅紋

○ 排布圖（單位cm　※除了特別的指定部位，縫份皆為1cm。）

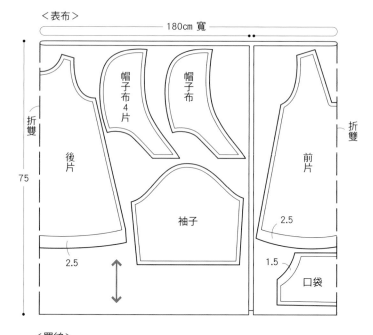

＜表布＞
180cm 寬
折雙
75
後片
帽子布4片
帽子布
袖子
前片
折雙
2.5
2.5
1.5
口袋

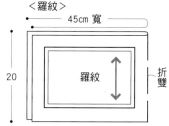

＜羅紋＞
45cm 寬
20
羅紋
折雙

How to make

1. 製作口袋然後縫到衣身上

① 縫份拷克布邊或是做Z字形車縫。

口袋（背面）
0.2cm

② 燙折口袋口1.5cm，車縫。

③ 燙折口袋口以外的縫份部分。

（背面）

④ 縫到前片上。
0.2cm
0.2cm
前片（正面）

2. 車縫肩線

① 先在後片的肩線位置貼上防延展膠帶。

② 前片與後片布料正面相對，縫合肩線。

③ 兩片一起拷克布邊或是做Z字形車縫，縫份倒向後片。

後片（背面）

前片（背面）

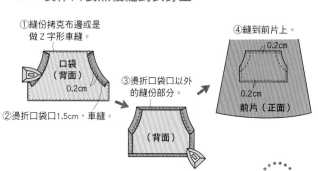

3. 縫上袖子

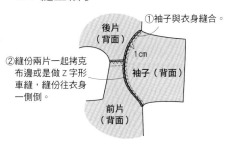

①袖子與衣身縫合。

1cm

②縫份兩片一起拷克布邊或是做Z字形車縫，縫份往衣身一側倒。

後片（背面）

袖子（背面）

前片（背面）

4. 車縫袖下線與脇邊線

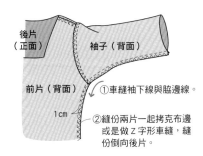

後片（正面）

袖子（背面）

前片（背面）

①車縫袖下線與脇邊線。

1cm

②縫份兩片一起拷克布邊或是做Z字形車縫，縫份倒向後片。

5. 製作帽子

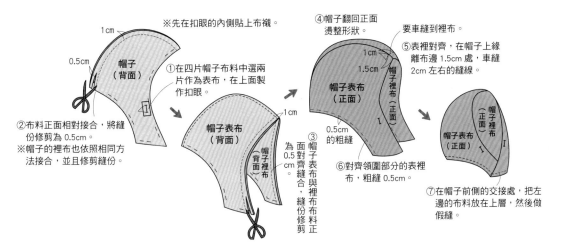

※先在扣眼的內側貼上布襯。

1cm

0.5cm

帽子（背面）

①在四片帽子布料中選兩片作為表布，在上面製作扣眼。

②布料正面相對接合，將縫份修剪為0.5cm。
※帽子的裡布也依照相同方法接合，並且修剪縫份。

帽子表布（背面）

帽子裡布（背面）

1cm

③帽子表布與裡布布料正面對齊縫合，縫份修剪為0.5cm。

④帽子翻回正面燙整形狀。

要車縫到裡布。

帽子表布（正面）

帽子裡布（正面）

1cm

1.5cm

⑤表裡對齊，在帽子上緣離布邊1.5cm處，車縫2cm左右的縫線。

0.5cm的粗縫

⑥對齊領圍部分的表裡布，粗縫0.5cm。

帽子裡布（正面）

帽子表布（正面）

⑦在帽子前側的交接處，把左邊的布料放在上層，然後做假縫。

6. 把帽子縫上衣身片

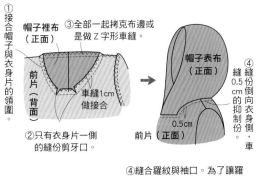

①接合帽子與衣身片的領圍。

帽子裡布（正面）

③全部一起拷克布邊或是做Z字形車縫。

前片（背面）

車縫1cm做接合

②只有衣身片一側的縫份剪牙口。

帽子表布（正面）

④縫份倒向衣身側，車縫0.5cm的抑制份。

前片（正面）

0.5cm

7. 縫上袖口羅紋

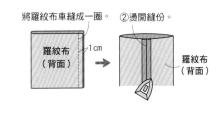

將羅紋布車縫成一圈。

羅紋布（背面）

1cm

②燙開縫份。

羅紋布（背面）

③對折之後粗縫假縫。

0.5cm

羅紋（正面）

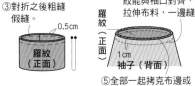

④縫合羅紋與袖口。為了讓羅紋能與袖口對齊，一邊稍微拉伸布料，一邊縫合。

羅紋（正面）

袖子（背面）

1cm

⑤全部一起拷克布邊或是做Z字形車縫。

8. 下襬上折

①下襬拷克布邊或是做Z字形車縫。

衣身片（背面）

2.5cm　0.2cm

②車縫兩條裝飾線。

0.5cm

③燙折2.5cm。

9. 將繩子穿過帽子

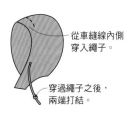

從車縫線內側穿入繩子。

穿過繩子之後，兩端打結。

r. 飛鼠褲

photo … p.21

○ 材料　※身高90cm的請參考（ ）內

表布‥‥‥‥ 135cm 寬 ×70cm
　　　　　　（80cm、90cm 通用）
　　　　　　（110cm 寬的用量也一樣）

※ 此件為窄版的設計，所以建議選擇有彈性
的布料或是柔軟的棉布。

鬆緊帶‥‥‥ 15cm 寬 ×42cm（44cm）

○ 原寸大紙型 B 面

・前褲片
・後褲片
・口袋布
・袋口布
※ 腰帶依照尺寸製圖

○ 排布圖
（單位 cm　※ 除了特別指定部位，縫份皆為 1cm　※ 腰帶已含縫份。）

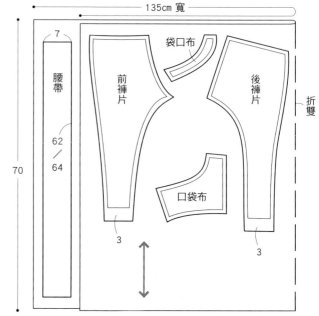

※ 使用 110cm 寬的布料時，腰帶的裁剪方式相同，前後褲片橫向並排，
口袋布與袋口布排在褲片下方空的位置。

How to make

1. 車縫脇邊

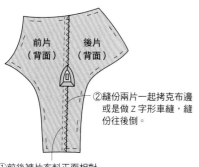

②縫份兩片一起拷克布邊
或是做 Z 字形車縫，縫
份往後倒。

①前後褲片布料正面相對
對齊，車縫兩脇邊。

2. 製作口袋

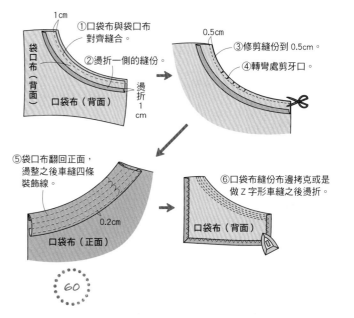

①口袋布與袋口布
對齊縫合。

②燙折一側的縫份。

③修剪縫份到 0.5cm。

④轉彎處剪牙口。

⑤袋口布翻回正面，
燙整之後車縫四條
裝飾線。

⑥口袋布縫份布邊拷克或是
做 Z 字形車縫之後燙折。

3. 將口袋縫上褲片

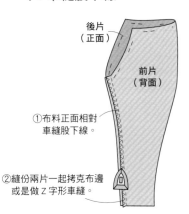

①放到口袋縫製
位置上假縫。

假縫

0.5cm

0.2cm

後片
（正面）

前片
（正面）

②車縫 0.2cm
抑制份。

③在後褲片一側的袋
口車縫三角形。

4. 車縫股下線

後片
（正面）

前片
（背面）

①布料正面相對
車縫股下線。

②縫份兩片一起拷克布邊
或是做 Z 字形車縫。

5. 車縫股上線

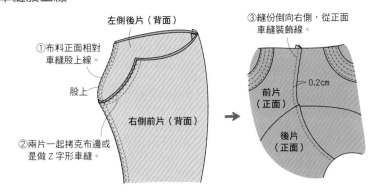

左側後片（背面）

①布料正面相對
車縫股上線。

股上

②兩片一起拷克布邊或
是做 Z 字形車縫。

右側前片（背面）

③縫份倒向右側，從正面
車縫裝飾線。

0.2cm

前片
（正面）

後片
（正面）

6. 縫上腰帶，下襬上折

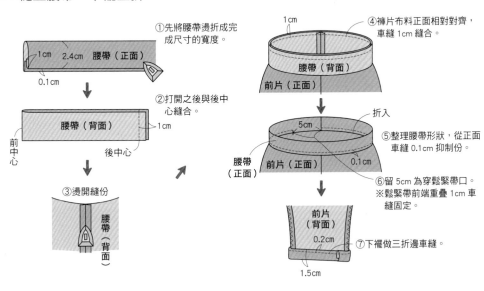

①先將腰帶燙折成完
成尺寸的寬度。

1cm　2.4cm　腰帶（正面）

0.1cm

②打開之後與後中
心縫合。

腰帶（背面）

前中心

後中心

1cm

③燙開縫份

腰帶
（背面）

④褲片布料正面相對對齊，
車縫 1cm 縫合。

1cm

腰帶（背面）

前片（正面）

折入

5cm

⑤整理腰帶形狀，從正面
車縫 0.1cm 抑制份。

腰帶
（正面）

前片（正面）

0.1cm

⑥留 5cm 為穿鬆緊帶口。
※鬆緊帶前端重疊 1cm 車
縫固定。

前片
（背面）

0.2cm

⑦下襬做三折邊車縫。

1.5cm

m. 二重紗圍巾

photo … p.16

○ 材料 ※身高80cm、90cm通用

布 ········· 175cm 寬 ×50cm
刺繡線 ····· 8束（1束6股、8m）

○ 排布圖（單位cm）

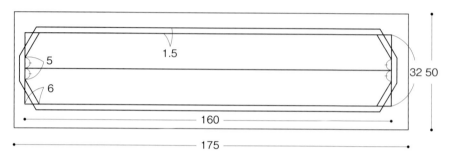

1.5

5

6

32 50

160

175

How to make

1. 四周燙折三折邊

2. 車縫0.7cm裝飾線

3. 縫上流蘇

縫上流蘇位置

5cm

③

②   ②

①

燙折三折邊（依照①→②→③順序）

在離邊緣 0.7cm 處車縫裝飾線。

〔 流蘇製作方法 〕

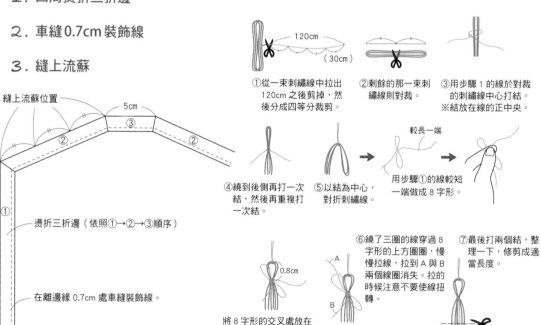

120cm

（30cm）

①從一束刺繡線中拉出
120cm 之後剪掉，然
後分成四等分裁剪。

②剩餘的那一束刺
繡線則對裁。

③用步驟 1 的線於對裁
的刺繡線中心打結。
※結放在線的正中央。

較長一端

④繞到後側再打一次
結，然後再重複打
一次結。

⑤以結為中心，
對折刺繡線。

用步驟①的線較短
一端做成 8 字形。

0.8cm

將 8 字形的交叉處放在
結下方 0.8cm 處，用較
長的一端繞過 8 字形與
刺繡線三圈。

A

B

⑥繞了三圈的線穿過 8
字形的上方圈圈，慢
慢拉線，拉到 A 與 B
兩個線圈消失。拉的
時候注意不要使線扭
轉。

⑦最後打兩個結，整
理一下，修剪成適
當長度。

P. 領結
photo … p.19

○ 材料　※身高80、90cm通用

表布‥‥‥‥　25cm長×50cm寬
布襯‥‥‥‥　15cm長×25cm寬
八字扣‥‥‥　13mm×1個
九字勾‥‥‥　13mm×1個

○ 排布圖（單位cm　※皆已含縫份。）
※ 如果有較多的布料，繫繩也可取直布紋。）

※ 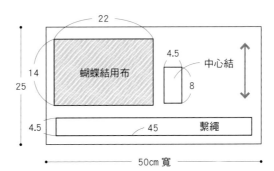 處需貼布襯

22
14
4.5　中心結
25
8
4.5
45　繫繩
50cm 寬

How to make

1. 製作蝴蝶結

① 在蝴蝶結用布的背面貼上布襯，
　布料正面相對對折，車縫1cm。

1cm
蝴蝶結用布（背面）
23cm

② 燙開縫份之後
　翻回正面。
（背面）
（正面）

③ 將縫線放在正中心，
　燙整形狀。
蝴蝶結用布（正面）

④ 將兩端對齊形成一圈
　縫合後，燙開縫份。
（背面）
0.5cm　0.5cm

翻回
→

（正面）

⑤ 把縫份翻回內側，
　縫線放在正中心，
　燙出折線。

⑥ 抓褶做出蓬鬆感並且藏
　住縫線（正面），先以
　手縫固定。

正面　　背面　　固定

蓬鬆感　固定　蓬鬆感

2. 製作繫繩

① 將繫繩布料折成完成尺寸1.2cm寬的四
　折邊之後車縫裝飾線。

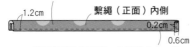

1.2cm
繫繩（正面）內側
0.2cm
0.6cm

② 把縫線放在下緣，右邊做0.6cm的
　三折邊，車縫0.2cm抑制份。

九字勾
八字扣

0.5cm　內側
1.5cm

③ 將繫繩穿過八字扣之後
　再穿過九字勾，再從八
　字扣的右邊穿到左邊，
　最後車縫固定。

3. 縫合蝴蝶結與繫繩

① 製作中心結。

（正面）
8cm
1.2cm

製作1.2cm寬的布環。
如果沒有返裡針，也可
以直接做四折邊之後車
縫完成。

把中心結用布放在蝴蝶結的
正中心，繫繩放在內側，一
起繞住手縫固定。

〈蝴蝶結內側〉

固定　　8cm

國家圖書館出版品預行編目（CIP）資料

親手為孩子量身做衣服 / 朝井牧子作；苡蔓
譯 .-- 初版 .-- 新北市：小熊出版：遠足文化
發行 , 2015.05
　　面；　公分 .--（親子課）
　　ISBN 978-986-5863-54-8（平裝）

1. 服裝設計 2. 縫紉 3. 衣飾

423.2　　　　　　　　　　104000771

作者
朝井牧子

文化服裝學院服裝設計科畢業，曾在打樣公司
負責製作品牌的單品樣品。之後進入服裝設計
公司工作一段時間，因為生產而離職。現在則
是經營購物網站「enanna」，販售、製作手
工童裝。

攝　　　影	Shinobu Shimomura
造　　　型	Kanae Ishii
髮　　　型	Yuko Umezawa
模　特　兒	Anna Mozzhechkova（株式會社 JUNES）
紙型繪圖	Factory・Water（Yumico Matsuo）
內　　　文	ME&MIRACO（Yurie Ishida）
封面設計	

譯者
苡蔓

曾任職於科技公司多年，心念一轉，離開了從
小生長的臺北城，到了一個有著燦爛陽光的城
市生活，誤打誤撞地開了一間小店。平常主要
以處理店舖事務為主，同時利用空閒從事翻
譯。

親子課

專為身高 80cm ～ 90cm 孩子設計的可愛童裝
親手為孩子量身做衣服

作　　　者	朝井牧子
譯　　　者	苡蔓
總　編　輯	鄭如瑤
文字編輯	彭維昭
審　　　訂	Rurika
美術編輯	吳宣慧
印務主任	黃禮賢
社　　　長	郭重興
發 行 人 暨 出 版 總 監	曾大福
出版發行	小熊出版・遠足文化事業股份有限公司
地　　　址	231 新北市新店區民權路 108-2 號 9 樓
電　　　話	02-22181417
傳　　　真	02-86671891
劃撥帳戶	帳號：19504465 ｜ 戶名：遠足文化事業股份有限公司
聯絡我們	客服專線：0800-221029 ｜ E-mail：littlebear@bookrep.com.tw
	Facebook：小熊出版社 ｜ 讀書共和國出版集團網路書店：http://www.bookrep.com.tw

法律顧問	華洋法律事務所 / 蘇文生律師
印　　　刷	凱林彩印股份有限公司
定　　　價	380 元
刷　　　次	初版一刷：2015 年 5 月、初版四刷：2021 年 7 月
I S B N	978-986-5863-54-8

小熊出版讀者回函

小熊出版官方網頁